自然感悟
Nature series

七十二番花信风

王辰
林雨飞——著

商务印书馆
创于1897
The Commercial Press

图书在版编目(CIP)数据

七十二番花信风/王辰，林雨飞著．—北京：商务印书馆，2020(2021.9 重印)
(自然感悟丛书)
ISBN 978-7-100-18399-4

Ⅰ.①七… Ⅱ.①王… ②林… Ⅲ.①花卉—观赏园艺 Ⅳ.①S68

中国版本图书馆 CIP 数据核字(2020)第 068152 号

七十二番花信风

王辰　林雨飞　著

商 务 印 书 馆 出 版
(北京王府井大街 36 号　邮政编码 100710)
商 务 印 书 馆 发 行
北京雅昌艺术印刷有限公司印刷
ISBN 978-7-100-18399-4

2020 年 5 月第 1 版　　开本 880×1230 1/32
2021 年 9 月北京第 2 次印刷　　印张 11⅞
定价：88.00 元

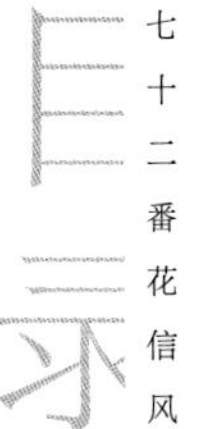
目录
七十二番花信风

推荐序 viii

前言 x

春

立春

一候 · 迎春 001

二候 · 望春 005

三候 · 番花 010

雨水

一候 · 杏花 015

二候 · 李花 020

三候 · 桃花 025

惊蛰

一候 · 玉兰 030

二候 · 棣棠 035

三候 · 木瓜 040

春分

一候 · 海棠 045

二候 · 梨花 050

三候 · 丁香 055

清明

一候 · 桐花 060

二候 · 紫藤 064

三候 · 琼花 068

谷雨

一候 · 牡丹 073

二候 · 荼蘼 078

三候 · 楝花 084

夏

立　夏

一候 · 蔷薇　089

二候 · 杜鹃　095

三候 · 芍药　100

小　满

一候 · 月季　105

二候 · 忍冬　110

三候 · 石榴　115

芒　种

一候 · 蜀葵　120

二候 · 萱草　125

三候 · 栀子　130

夏　至

一候 · 绣球　136

二候 · 百合　141

三候 · 合欢　146

小　暑

一候 · 凌霄　151

二候 · 石竹　156

三候 · 茉莉　161

大　暑

一候 · 荷花　166

二候 · 槐花　172

三候 · 玉簪　177

秋

立　秋

一候 · 木槿　181

二候 · 凤仙　186

三候 · 牵牛　191

处　暑

一候 · 紫薇　196

二候 · 金灯　201

三候 · 桔梗　206

白　露

一候 · 桂花　211

二候 · 剪秋罗　216

三候 · 秋海棠　221

秋　分

一候 · 蓼花　226

二候 · 金钱　231

三候 · 碧蝉　235

寒　露

一候 · 夹竹桃　239

二候 · 扶桑　245

三候 · 鸡冠　249

霜　降

一候 · 菊花　253

二候 · 紫茉莉　258

三候 · 曼陀罗　263

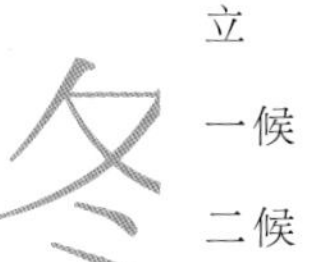

立　冬

一候 · 木芙蓉　268

二候 · 美人蕉　272

三候 · 青葙　277

小　雪

一候 · 茶梅　282

二候 · 芭蕉　287

三候 · 茗花　292

大　雪

一候 · 枇杷　296

二候 · 仙人掌　301

三候 · 海芋　306

冬　至

一候 · 瑞香　311

二候 · 粉蝶　316

三候 · 猩猩花　322

小　寒

一候 · 蜡梅　326

二候 · 山茶　331

三候 · 水仙　336

大　寒

一候 · 梅花　341

二候 · 海桐　347

三候 · 含笑　352

“二十四番花信风”略考　358

后　记　362

主要参考文献　364

推荐序

Foreword

二十四时节和气候，是中国古代用来指导农事之历法。将一年四季分成了二十四个不同的节气，例如小寒、大寒、立春、雨水、惊蛰等等，农民进行农事活动时，可依据节气来安排。这是千百年来，数不清的中国人穷毕生之力观察和研究的结晶，是我们的老祖宗对世界文明的巨大贡献。

本书在二十四节气下，每节气以五日为一候，分三候，反映了四季中更细微的气候变化。每一候以一种植物为代表，如春季惊蛰下一候为玉兰，二候为棣棠，三候为木瓜，组成七十二番花信风。每一候的植物都有精美的手绘图和精心拍摄的照片。每一篇文章都有作者的感遇和情怀（“遇见”），描写植物的相关故事，也叙述植物中文名称的由来及典故（“史话”）。其中最精彩之处，是植物的中国文化意涵。书中引述古代的诗文，充满了作者的古典情怀；最难得的是作者对古人植物物候的记载，也进行观察而做出部分修正。

本书的植物兼具科学描写和文学引述，具有深度；每一候植物的选取不拘泥于中国传统种类，也具有广度。除原产中国的种类外，书中有唐宋以前的古代引进种，如石榴、茉莉、美人蕉、夹竹桃、曼陀罗、水仙等；也有明清以后的近代引进种，如仙人掌、紫茉莉、猩猩花（圣诞红）、番花（又称缅栀或鸡蛋花）等。可见作者见多识广，既熟悉中国古代的科学人文典故，也掌握现代的植物科学知识。

中国各地公园有共同的特色：春季花色缤纷、夏季只见绿色、秋冬几无色彩可言，这是近代景观设计最大的盲点。本书的七十二番花信风，明确宣示中国境内不缺乏四季花卉，如夏季有石榴、玉簪、萱草、栀子、凌霄、石竹、茉莉等，秋冬各时节也都有代表植物，如秋季的扶桑、鸡冠花、金灯、桔梗、菊、紫茉莉、曼陀罗、蓼花、金钱花等，冬季的美人蕉、蜡梅、山茶、水仙、茶梅、海桐、瑞香、猩猩花等，为什么全国各地公园看不到秋冬的植物色彩？因此本书不但是怡心情、长知识的读物，也是景观界建立拥有四时花卉的公园、花园的重要指引。

潘富俊

2019年12月

前言
Preface

本书依古人“二十四番花信风”之意，以全年二十四节气为时间线索，每一节气分为“三候”，以五日为一候，全年共七十二候。每一候选取一种此时开花的最具代表性的植物，该植物亦为中国古人所玩赏，并有诗词文赋赞颂；选取时参照了当今植物花期与时令的对应，并兼顾全国南北方各地种类。

按古人之说，“花信风”原本并非指花，而是指风，后来也可指时令物候。古时虽有两个版本的“二十四番花信风”，其一流传较广者，仅自小寒节气开始，至谷雨节气结束，未言全年；另一版本物种花期与全年物候关联较差。因此本书采用了延展的“花信风”概念，在古人的基础上，将全年七十二候，都选取了对应的植物，可谓全年的“花信”，美其名曰“七十二番花信风”。

本书中每一候选取的相应植物，配以一幅手绘植物图，及相关照片。正文“花・遇见”部分，讲述了作者身为北方人，对于植物的记忆、情感和相遇的故事，以及对于植物种类、花期等南北差异的感受。“花・史话”部分，讨论了该种植物中文名称的由来，古人对它的看法，该植物在中国古代文化中的意义，以及相应植物类群古时所见的品种，有时对于古名与如今具体植物种类的对照有所探讨。“花・今夕”部分，为该种植物如今的中文正式名、拉丁学名、形态描述、分布、花期，并介绍了相关类群的常见品种或亲缘关系较近的物种。

在为本书选取种类时，古人所列种类，不合时令者，或有改动，或有删减，新添种类为作者仿照古意所选取。其中古人赞颂的种类：有如今不作观赏者，如麦花；有如今知其非花者，如柳花（杨花）、芦花、雪花，今皆不取；有如今已知为同一物种之下的不同观赏品种者，如红梅、白梅，今并作一种。新添种类中，秋冬时多选取南方植物——其中部分种类唐宋时罕为人知，至明清方有诗文记述，并非传统名花也——一者为使全年皆有花，二者亦兼顾南北各地种类。

“七十二番”之说仅为作者草拟，聊补古人“二十四番”未及全年之遗憾，所选种类或有不妥，仅为抛砖引玉，并介绍多种中国古代经典植物花卉。延展的“花信风”概念也与古人之说略有出入，关于花信风的考辨，附于本书正文之后。考据查证，原非作者所长，若有不当乃至谬误之处，还望诸读者及师友多予指教。

迎春

［立春一候］

未有花时且看来

花·遇见
Meeting

“我妈要把院子里的迎春花砍掉。”无论如何，提到迎春花，我最先想到的，就是这句话。十几年前某个友人向我抱怨，他的母亲觉得，迎春花的枝条像电线一样，煞是丑陋。“那春天开花的时候，干吗又那么喜欢呢？”友人反问。这似乎怪不得任何一方，喜爱迎春花灿烂的某个瞬间，却不愿忍受它在其他季节里的长久的平凡。世事大都如此。

我是从小时候开始，就会去寻觅最先开放的几枝迎春花，直至如今，仍旧每年去寻。仿佛这已经成了一种仪式，迎春花开，就是春季来临。纵然小时候不懂事，拈花惹草，也会珍惜着不去揪掉最初的几朵花；待到花繁，则会精心挑选几朵，掐下来，泡在水瓶里，再拿到冰箱里冻住。急冻在冰里的花，颜色和形状依然完好，那个小冰坨，就如同我豢养起来的整个春天。

记得前几年，春节来得较晚时，在腊月的末尾，迎春花就已然绽放了。我记得住所周遭每一个栽种了迎春花的地点，知晓哪里更温暖些，那背风、靠近暖水井之处，日光慵懒地照来，花也开得更早。今年春日，城市的几条主干道两侧也新栽了迎春花。花栽在塑料的槽中，天气尚冷，就已摆放出来，忽而满眼金灿灿的，恍若一夜变作了春城。这个时候，无论你爱与不爱，都无法躲开迎春花的绚烂。

花·史话
History

迎春花之名，一如〔明〕高濂《草花谱》所记：“春首开花，故名。”〔明〕王象晋《群芳谱》曰：“方茎厚叶，如初生小椒叶而无齿，面青背淡，对节生小枝。一枝三叶，春前有花如瑞香，花黄色，不

结实。叶苦、涩、平，无毒，虽草花，最先点缀春色，亦不可废。”又有别名曰金腰带，〔宋〕赵师侠《清平乐》词云：“纤秾娇小，也解争春早。占得中央颜色好，装点枝枝新巧。东皇初到江城，殷勤先去迎春。乞与黄金腰带，压持红紫纷纷。”

古人赏迎春花，因其独占一个早字。〔唐〕白居易《代迎春花招刘郎中》诗云：“幸与松筠相近栽，不随桃李一时开。杏园岂敢妨君去，未有花时且看来。”然此花虽斗残寒，枝条却柔靡轻佻，品格难谓孤高风雅，故而〔宋〕张翊《花经》之中仅列“七品三命”。

又因迎字有逢迎之意，常由此而遭嘲讽。〔清〕赵执信《嘲近春花》诗即云：“黄金偷色未分明，梅傲清香菊让荣。依旧春寒苦憔悴，向风却是最先迎。”〔元〕程棨《三柳轩杂识》中言：“迎春花为僭客。”由此之故，〔清〕爱新觉罗·弘历《迎春》诗道：“裳裳黄瓣晓春开，品命徒劳花谱猜。三柳轩称为僭客，想因名弗让乎梅。”

今人常传言，迎春花与梅花、水仙、山茶并称为“雪中四友”，初余亦深信之。然古时雪中四友之说，余仅见于〔清〕宫梦仁《读书纪数略》，且无迎春之名，四友实为玉梅、蜡梅、水仙、山茶。迎春傲雪非寻常景致，度迎春花列四友之首，或为今人曲解矣。

花·今夕
Nowadays

古之迎春，今呼作迎春花，其学名曰 *Jasminum nudiflorum*。其株为灌木，枝多下垂，绿带纷纭，忽而生花，其色明黄，灿然夺目，缀于枝上，所谓金腰带是也。其花若喇叭形，下若管而细长，顶部或五裂，或六裂，若花瓣状，待花落尽，叶乃生出。此花南北各地栽植，野生于山林者初夏方绽，栽植者孟春即荣，真最先迎春者是也。

望春

［立春二候］

弄粉知伤重，调红或有余

花 · 遇见
Meeting

分不清楚各种玉兰，并不是什么丢脸的事。我小时候以为只有白玉兰和紫玉兰——不带一点紫红色的是白玉兰，或多或少带一点紫色，就是紫玉兰。读书时导师和我说，玉兰可别乱认，不要见到什么都说紫玉兰。这教导来得颇为及时：我正把二乔玉兰的各色品种，统统当作紫玉兰来着，还在为幼儿园做的“科普标牌”上面写错了名字。再后来，才知道城市里栽种的，又不仅仅是二乔，还有望春玉兰。

望春玉兰开花甚早，即使在北京，到三月中旬时，花也必定开始凋落。在并无太多春花可看的时节，望春玉兰善解人意一般，匆忙着绽

放。倘使稍有倦怠，晚几天去看花，就只能见到遍地落红。几年前的春天，我便因琐事羁縻，错过了花期，只得去捡花瓣。花树在小区的幼儿园里，院门锁着，于是我请园内值班的大爷，帮我捡些花瓣出来。大爷甚是细致地挑选尚未萎烂的花瓣，我如获至宝地捧着，跑回去拍照。

后来我的女儿也进了这所幼儿园，那位大爷依然负责值班，只是他似乎不记得我曾讨要过掉落的花瓣。幼儿园的高年级，会在三楼的教室，窗外正是望春玉兰的花枝。只消这些花开始绽放，气温也随之回暖，之后就是令人期待的大好春光。近几年来，北京栽种了不少望春玉兰的小树，这也使得最先开放的春花的名头，不那么确定起来——从前在城里，注定是迎春花开得最早，但有望春加入进来，则要看向阳抑或背阴，营养状况如何了。迎春和望春，仿佛彼此相争一般，先后开放，为尚带着冬寒的城市，增添了一点点早来的希冀。

花·史话
History

古时原无望春花之名，至唐人尊花信风之说，始言望春，而所谓何物，语焉不详。及〔明〕周嘉胄《香乘》乃曰："望春花，辛夷也。"〔清〕李渔《闲情偶寄》更言："辛夷，木笔，望春花，一卉而数异其名，又无甚新奇可取，名有余而实不足者，此类是也。园亭极广，无一不备者方可植之，不则当为此花藏拙。"〔清〕李卫等《浙江通志》引〔明〕释傅灯《天台山方外志》言玉兰曰："台山处处有之，其树有合抱者，土人谓之望春花。"盖古人以为辛夷、木笔、望春花、玉兰俱是同类同种，或略区分，或竟不能分。今人以辛夷为望春花，木笔为紫玉兰，正合此说。

〔明〕王世懋《读史订疑》言："玉兰是迎春，迎春即辛夷，即木笔也。"又记此说缘由："其花最早，南人呼为迎春。"此迎春非迎春花之迎春，以花放于春之首，故别称之。度望春花之意，与此略同。〔明〕胡奎《辛夷花》诗取此意曰："望春一树春前放，花样浑如紫兔毫。肯借题诗三百管，洛阳纸价又增高。"乃知望春花、辛夷应是一物双名，亦玉兰之属，故今曰望春玉兰。

辛夷之名，如〔明〕李时珍所言："夷者荑也，其苞初生如荑，而味辛也。"古之辛夷记有诸色，或桃红，或紫，又有鲜红者，皆误识之故，其中色白而略含渐红微紫者，乃符名实。〔唐〕李商隐《木兰》诗曰："紫丝何日障，油壁几时车。弄粉知伤重，调红或有余。"揣度其意，所言岂非望春花耶？

望春花早开，亦先于诸花凋落，可堪怜惜，文人乃以此花，喻珍惜青春光阴之意。〔唐〕元稹《辛夷花》诗句言："韩员外家好辛夷，开时乞取三两枝。折枝为赠君莫惜，纵君不折风亦吹。"又因此花红白相映，如美人脸颊，故而可咏情思。〔唐〕白居易《题灵隐寺红辛夷花戏酬光上人》诗道："紫粉笔含尖火焰，红胭脂染小莲花。芳情乡思知多少，恼得山僧悔出家。"又〔唐〕皮日休《扬州看辛夷花》诗云："腊前千朵亚芳丛，细腻偏胜素柰功。螓首不言披晓雪，麝脐无主任春风。一枝拂地成瑶圃，数树参庭是蕊宫。应为当时天女服，至今犹未放全红。"此花不畏晚冬余寒，似有风骨，然却作红颜旖旎状，故而〔宋〕张翊《花经》列辛夷作"四品六命"。

花・今夕

Nowadays

古之望春，一作望春花，即今之玉兰之属；或曰，古人以望春、辛夷同指一物，绝类今之望春玉兰，其学名曰 *Yulania biondii*。其株为乔木，栽植观赏者常不甚高，叶未见时，花独绽于枝端，约略芬芳。其花色白，而近花心处染作淡粉红色，薄施粉黛，便自娇娆，花具六瓣，然此瓣非花瓣也，呼作“花被片”，另有三小片，不甚醒目，生诸大片之外。花蕊聚合，若塔状。此花栽诸各地，华中、西北、西南或有野生者，孟春始华，先于群芳。

［立春三候］

细香清露滴银盘

番花

所谓番花，其实就是鸡蛋花。

北地并没有鸡蛋花，初见是在云南，却记不得是昆明还是西双版纳，只记得这花生得仿佛假花一般，质感鲜嫩而不真实。彼时是冬季，枝上全无叶子，只有几朵花，孤零零地开放，恍若小孩子淘气，插上去的。听说叫作鸡蛋花。我还以为是民间的俗称，后来才知道中文正式名便是如此。

后来去更热的地方，海南、台湾或者马来西亚，鸡蛋花都很常见。这花也唯有在热带才能生长吧。有些热带景区或者酒店，入住时，还会赠送一朵鸡蛋花，插在耳畔，若配了美人，真个别有风情。在街头巷尾，也有人把鸡蛋花拾来，穿成一串贩卖，并不贵，只是不适合我，所以没有买过。后来也见了带粉红色的花朵，叫作红鸡蛋花。说来，按物种而言这才是正种，黄白相间的鸡蛋花，被看作变种或者品种。

去年秋日，带女儿去日本冲绳，在诸多纪念品小玩意儿之中，她看中了鸡蛋花样式的头绳。我这才恍然大悟。也许是从前看鸡蛋花太多了，以至于没有认真拍过照片，见别人插一朵鸡蛋花，也觉得有点俗气。实际这花，让人感觉有种天然的可爱之处，圆润的边缘，旋转的造型，渐变的过渡色，都是温润柔和的特质。

我原本并没有打算把鸡蛋花也算在传统的花信风之内，但想着既然要兼顾从南到北常见的种类，那么就姑且查查资料吧。这才知道，古时的鸡蛋花叫作番花。反正冬日里肯定还要写到其他生于南国的花卉，于是决定，从春天开始，就把鸡蛋花加进来。其实鸡蛋花自春日开放，直到秋天，绵延不绝，是南方长久可观的美好花卉。或许，下次再去哪里游玩，酒店又会送上一朵新鲜的鸡蛋花来。到时候，要不要真个戴在耳畔呢?

番花，即今人所谓鸡蛋花是也。其名初见于〔宋〕莫君陈《月河所闻集》：“闽中有花，其状若海棠，四时发荣，名曰番花。”以为番邦而来，土人栽植，故有番名，然未述其详。至若清时，此花盛于台海，乃为文人歌咏，传至中原，始为世所知。

〔清〕郁永河《台湾竹枝词》诗曰：“青葱大叶似枇杷，臃肿枝头著白花。看到花心黄欲滴，家家一树倚篱笆。”并自注云：“番花开五瓣，白色，花心渐作深黄色，扳折累三日不残。香如栀子，病其过烈；风度花香，颇觉浓郁。”〔清〕薛绍元《台湾通志》记：“台生此花甚多，大可二寸许，花瓣近蒂处色黄，渐淡而白。”盖因其花外白而心黄，色绝类鸡卵，乃俗称鸡蛋花。今人尊此名，但知鸡蛋花，南国多植，而不知番花为何物矣。

番花亦有微带红色者，今曰红鸡蛋花。〔清〕黄叔璥《赤嵌笔谈》记曰：“外微紫，内白色，近心渐黄，香似栀子。夏秋多开，冬则叶落。但名番花，似属统称。”〔清〕范咸《贝多罗花》有诗句曰：“已兼蝶粉与蜂黄，更裹依微紫绛囊。”并自注云：“花外微紫、内色白，近心甚黄；叶大而厚。”此皆言红鸡蛋花也。

番花有香，如〔清〕周锺瑄《诸罗县志》言：“番花，色白微黄，味香而浊，似山栀花。”山栀即栀子之属也，栀子一名薝蔔，故〔清〕李廷壁等《彰化县志》记栀子与番花之差别曰：“味香而浊，树高丈余，亦名薝蔔。花瓣多而番花瓣少。”以栀子花多六出，番花五出，瓣有多寡之分。今鸡蛋花一名缅栀，有栀名，皆出此意也。

又台海有三友花，一名番茉莉、番栀子。〔清〕王必昌《重修台湾县志》记曰：“三友花，蕊似木笔而小，叶有纹如绣，一枝必三四朵，若相友云。俗称番茉莉，又称番栀子，或称叶上花。”或曰三友花即番花也。此三友花，一说木本，一说草本，纷纭无定，盖以木本高大者类番花，而矮小似茉莉者，当为山素英之类，非番花也。〔清〕孙元衡《咏三友花》诗云：“争迎春色耐秋寒，开向人间岁月宽。嫩蕊澹烟笼木笔，细香清露滴银盘。绣成翠叶为纹巧，蒂并丛花当友看。日月呼童阶下扫，浓阴恰覆曲栏干。”此诗所咏，应指番花。

番花之盛开，或曰自三四月始，或曰五六月始，或曰经年。郁永河《采硫日记》曰：“番花，叶似枇杷，枝必三叉，臃肿而脆，开花五瓣，色白近心渐黄，香如栀子。宜于风过暂得之，近则恶矣。自四月至十月，开不绝；冬寒并叶俱尽。”盖暖地则花开常年。唯冬日叶落，春日重萌，冬日花开，枝头秃净如指，唯见数花，萌茸可爱。〔清〕孙霖《赤嵌竹枝词》诗云：“四季番花总是春，牙蕉香檨满盘新。投来更有菩提果，清供幽斋悟净因。”此台南四季皆可观花也。

花·今夕
Nowadays

古之番花，所指或有数种，其一为今之鸡蛋花，其学名曰*Plumeria rubra* ‘Acutifolia’。其株为乔木，枝略作肉质，叶长圆，花生诸枝端，数朵聚作伞状。其花基部合生，上部五裂，作花瓣状，盘旋若“卍”字，其色外白而内黄，故以“鸡蛋”名之。此花非中土所有，乃墨西哥舶来之花，今南方多见栽植，湿热处全年皆可见花，自春至秋，花尤繁茂。

鸡蛋花乃园艺品种是也，其正种名曰红鸡蛋花，花多粉红色，浅深变幻，而杂以黄色。今亦多见鸡蛋花属其他品种，无非白、黄、粉红诸色杂糅。

杏花

〔雨水一候〕

红杏枝头春意闹

原本我分不清楚杏花和数种春花的区别，于是长久地把我家附近的杏花，都当作了开花略晚的山桃。因着不认得，所以对于杏花，我也并无深沉的情感。直至数年前——彼时虽已能够分辨杏花了，却总是疏于关注——工作上某位前辈，和我说起杏花，他想了解我国杏花的种类，也想了解古今的杏花之赏。“元好问为什么写出那样的杏花诗呢？”前辈提问，我却无从解答，因我并不知晓元好问的诗作。除却最为脍炙人口的几句杏花诗词，我对这花，其实全无了解。

自那之后我才去读关于杏花的诗词和故事。也是在那之后的初春，我发现就在周遭不远的小区花园里，便有一株杏花。曾经的疏忽，令我对杏花格外关注起来，但初看时，只见了一朵新花，其余都是花蕾。因工作忙碌起来，再去已是五七日后，竟皆是残花了。杏树下，遍地飘雪，我忽而笃定地以为，宋徽宗的杏花词《燕山亭》，才是关于杏花心性最恰当的注脚。

又过得一年，我才终于得以窥见杏花的美妙。在午后一座无人的园子里，两株硕大的杏花树，枝头皆白，雪沾琼坠，地下的花瓣无人惊扰，薄薄铺了一层，与树下小径上斑驳的日光和阴影，彼此堆积着明暗交替的画作，宛如令人屏息凝视的默片。我竟不忍从那些落花里走过，怕脚边扬起的微风，将这遍地的碎玉卷入云端，此后再也无从找寻。这么着，我在树下静立，听不远处的树梢上，几只鸟儿拌嘴的啁啾声。

但杏花盛开的时间，委实太过短暂了。三日之后我再度造访，地面的花瓣少了许多，纵使枝头，也大都只是挂着红色的花萼罢了。我则在此刻才体味到了，何以古人总要说“红杏”——花萼的红色，潜藏着留春不住的悲哀，却也正因如此，春光才格外宝贵。稍纵即逝的美好，无不如此，比如流星，比如初雪，比如青春的旖旎心思，比如繁盛的杏花。

杏花即为杏树之花，其名由果实而来。〔明〕李时珍曰："杏字篆文，象子在木枝之形。"古人初重杏子，而轻其花，以杏子未熟时味酸，与青梅相类，同为酸味之源。观杏花则为知农时也，一如〔元〕司农司编纂的《农桑辑要》中言："杏始华荣，辄耕轻土弱土，望杏华落后复耕。"又以五木五果，为五谷之先，"大麦生于杏"乃其一也。

〔明〕王象晋《群芳谱》记杏花曰："叶似梅，差大，色微红，圆而有尖。花二月开，未开色纯红，开时色白，微带红，至落则纯白矣。花五出，其六出者必双仁有毒，千叶者不结实。"所谓纯红者，非花也，实乃花萼之色，花未开时，红萼昭昭，及花大开，萼则反折。古人诗文多言"红杏"，亦因花萼纯红之故。如〔宋〕宋祁《玉楼春》词句"绿杨烟外晓寒轻，红杏枝头春意闹"，〔宋〕叶绍翁《游园不值》诗言"春色满园关不住，一枝红杏出墙来"，皆如此。

杏花盛开，远观则满树皆白，故多以"春雪"称之。〔唐〕温庭筠《菩萨蛮》词道："杏花含露团香雪，绿杨陌上多离别。"〔宋〕王安石《北陂杏花》诗曰："纵被春风吹作雪，绝胜南陌碾成尘。"俱言其花色白若雪。

然则红杏开时，寒解冰消，春意初上。古人因杏花无御寒之力，却有红颜之姿，故以为此花性多柔弱，一若〔唐〕李商隐《杏花》诗句"援少风多力，墙高月有痕"之叹。又因杏花初开，约略微带粉色，更以杏花比拟女子娇媚含情之态。〔唐〕朱揆《钗小志》记曰："阮文姬鬓插杏花，陶溥公呼为'二花'。"以女子花容与杏花相映。〔宋〕赵佶《燕山亭·北行见杏花》虽凄凉词数句，"裁剪冰绡，轻叠数重，淡着胭脂匀注。新样靓妆，艳溢香融，羞杀蕊珠宫女"，娇媚风韵仍足。〔宋〕张翊《花经》称杏花"四品六命"，虽不甚高，亦在名花之列。

〔金〕元好问《杏花》诗有句曰：“已怕宿妆添蝶粉，更堪暖蕊闹蜂声。一般疏影黄昏月，独爱寒梅恐未平。”

花·今夕
Nowadays

古之杏花，今谓之杏，其学名曰 *Armeniaca vulgaris*，杏花乃其花也。其株为乔木，茎灰褐色，新枝浅红褐色，其叶圆而作心形，花后乃出。其花色白，常约略淡着粉红色，近无花梗，花瓣五数。其萼或作紫红色，或作紫绿色，顶端分作五片，花后反折，纵花瓣零落，而萼仍独立于枝上，古曰“红杏”，因其萼之色故也。此花生于北地山林间，各地多见栽植，绽于孟春，败于仲春。

〔雨水二候〕

李花

风揉雨练雪羞比

花·遇见
Meeting

我其实很多很多年都没见过李花，甚至也没吃过李子。印象里家中的长辈曾经说过："桃养人，杏伤人，李子树下卧僵人。"于是我对李树多少有点莫名的恐惧。看过很多紫叶李，算是李树的近亲，城市里到处栽种，却不曾见、也不刻意想去遇见真正的李花。

读大学时，校园某个角落的园子里，有一棵李树。只有一年春天，偶然见了开花，觉得，虽然素雅，却不够别致，只知道那就是李花了。直到过了多年，我想去拍李花的照片，才发现总是赶不上花期，或是过早，或是太迟——往往是太迟，花已零落，残破不堪地摇曳东风之中。于是一等又是一年。

不知是谁暗解了我的心思，北京城里在近两三年间，委实栽了好一批李花，只并非原种，而是园艺品种了。花繁茂，开时满枝都是银白色。我在公园里遇见，竟一时想不起来，这是桃花还是杏花，抑或是李花，想了好一阵子，觉得应当是李花才是。游客倒并不在意，只消花开得热闹即可，于是树前挤着举起手机合影的人们。

今年春日，在山沟里我也见到了几棵李树。远远望见一树白花，靠近去看，才知道是李花。我这才相信，在有些地方，山里的李花也是能够形成壮丽的景观的。后来我和朋友聊起，问那边是否有野生的李树？朋友说，大约还是人为栽种的吧。但那里确然远离村庄，是谁专门栽了几株呢？况且已然生得硕大了，想来树龄至少有二十年，或许更多。当年栽树的人，恐怕猜不到我在这树下，久久驻足观望，为花的繁茂所折服。

花·史话

History

李花之名，缘于李树。〔宋〕罗愿《尔雅翼》记曰："李，木之多子者，故从子。"〔明〕李时珍援引此说，更添释意："李乃木之多子者，故字从木、子。窃谓木之多子者多矣，何独李称木子耶？按素问言，李味酸，属肝，东方之果也，则李于五果属木，故得专称尔。"以五行而论，李果酸而性属木，为木之子，乃写作李。故罗愿曾言，火者木之子，李性属火，乃为南方之果，似与其味相违。

〔明〕王象晋《群芳谱》曰："李树大者高丈许，树之枝干如桃，叶绿而多花，小而繁，色白。"因花开枝头甚多，古人以为其花与桃尤繁密，故而《国风·召南·何彼襛矣》言："何彼襛矣，华如桃李？平王之孙，齐侯之子。"后人又多将桃李并称。后桃李之说，亦指学徒门生。〔唐〕白居易《奉和令公绿野堂种花》诗句道："令公桃李满天下，何用堂前更种花。"又〔宋〕邵雍《和人闻韩魏公出镇永兴过洛》诗有言："佐命三朝为太宰，名垂千古号元功。栽培桃李满天下，出入风涛半海中。"

李花洁白胜雪，诗人亦多吟诵，〔唐〕韩愈《李花》诗言："谁将平地万堆雪，剪刻作此连天花。日光赤色照未好，明月暂入都交加。"又作《李花赠张十一署》诗，有风摇李花之句曰："风揉雨练雪羞比，

波涛翻空杳无涘。”李花诗以韩愈之作名声最盛，后人多称颂，尊韩愈为李花之花神。

韩诗以李花虽繁，却易随风零落，叹人生易老，一如《荀子》之言：“桃李倩粲于一时，时至而后杀。”故李花入诗词，多寄托春光易逝，韶华难留。〔宋〕杨万里《山庄李花》诗云：“山庄又报李花秾，火急来看细雨中。除却断肠千树雪，别无春恨诉春风。”

花·今夕
Nowadays

古之李花，今谓之李，其学名曰 *Prunus salicina*，李花乃其花也。其株为乔木，其叶卵形，略迟于花而出，然花开至半途，叶已发生矣。其花色白，常作三朵并生，梗细长，花瓣五数，其萼作绿色。此花生于南北各地山林间，亦多为人栽植，春日乃华，先者绽于孟春，后者绽于季春。

桃花

［雨水三候］

桃之夭夭，灼灼其华

真正的桃花，在城市中反而并不容易见得到。偶尔去郊区，远远瞥见果园里的桃树，满枝浓艳，自然是真桃花，但也仅仅是远望罢了。况且其实赏花的桃，和食果的桃，也都有各自不同的品种。而在城市里头，自我小时候起，常见的是山桃和碧桃。

山桃的果子小而多毛，于是我们称之为“毛桃”，算是北京城里较早开放的春花，所以格外令人感觉美好。街心公园里曾有几棵山桃，大约是三棵开粉花，一棵开白花，因在路边，往往被人攀折。读小学时的某个春天，我们一群小孩子，放学便跑去“保护”树上的新花。大多时候还好，只消规劝，路人便不至于攀折花枝，但我们没办法全天守候，到底低处的花枝还是损毁了许多。后来才知道，这是“保护”不过来的，被人觊觎，遭人凌虐，或许这才是花的命中必经的劫数。

碧桃我则全然喜欢不来。多年里，我把桃花的各种变种、变型、品种，但凡花色浓艳、重瓣、半重瓣之类，统统称为“碧桃”，并不细分。其实曾经也稍微喜欢过碧桃来着，觉得漂亮，但很快就感觉厌烦了，不喜欢那种艳俗的风格。偏偏城市里的碧桃，所选的品种，花朵愈来愈大，枝上生花的密度愈来愈高，傻乎乎的，像早已失却风韵却不肯承认审美水准抱歉的招摇大妈。大约只有白碧桃，稍稍为碧桃们在我心中挽回了一点点颜面。

真的桃花，细看，是在大学的校园里。不知何故，校园里栽种了一株真桃花，单瓣，粉色，不似碧桃那样招摇俗气，仿佛懂得自赏的女子，靓丽着，只消站立在那里就好，自会有人欣赏。

而何以忽然想要去收集各种观赏桃花的品种了呢？我自己也说不清楚，明明曾经那么不喜爱“碧桃”来着。幸而也正是因此，我才得以知晓，从前所谓“碧桃”，实则只是桃花中的几个品种，并不是所有观赏桃花，都适宜叫作碧桃的。近两年，在北京、上海、杭州，我陆续见过了大约三十个桃花品种，不消说，确有些艳俗得很，但也有优雅的种类。从前对“碧桃”嫌恶，如今则想着，倘使城市里能栽种些看上去更雅致的种类，或许人们能更加喜爱桃花的吧。

花·史话

History

桃花得名，因花繁果茂之故。〔明〕李时珍言：“桃性早花，易植而子繁，故字从木、兆。十亿曰兆，言其多也。或云，从兆，谐声也。”桃花繁丽之状，一如《诗经·周南·桃夭》所言：“桃之夭夭，灼灼其华。之子于归，宜其室家。”花后结实甚多，故而其后句曰：“桃之夭夭，有蕡其实。之子于归，宜其家室。”〔宋〕陆佃《埤雅》曰：“桃有华之盛者，其性早华，又华于仲春，故周南以兴女之年时俱当。”

自先秦至唐宋，桃花常入诗文喻春光，或用作比兴赞女子容颜。〔唐〕崔护《题都城南庄》言："去年今日此门中，人面桃花相映红。人面不知何处去，桃花依旧笑春风。"桃花虽秾艳一时，春风乱拂，遍催花落，故而桃花零落亦常寄托春恨情思。〔宋〕贺铸《定风波》词中有言："自是芳心贪结子，翻使，惜花人恨五更风。"〔宋〕周紫芝《点绛唇》词亦曰："唤得春来，又送春归去。浑无绪。刘郎前度，空记来时路。"此处之说，因〔唐〕刘禹锡两首玄都观桃花诗颇负盛名，故历代文人常言刘郎桃花。

桃花亦因颜色娇媚，又易飘零，自宋以降，品性渐为人看轻。〔明〕王衡《东门观桃花记》中记彼时世俗之语："桃价不堪与牡丹作奴，人且以市娼辱之。"〔宋〕张翊《花经》记桃花"五品五命"，反而碧桃、千叶桃皆列为"三品七命"。〔唐〕李商隐《石榴》诗句道："可羡瑶池碧桃树，碧桃红颊一千年。"〔宋〕秦观《虞美人》词亦言："碧桃天上栽和露，不是凡花数。"原以碧桃为西王母瑶池畔所栽，非是凡种。实则后世曰碧桃，亦桃之属也，或花更繁艳，或重瓣千叶，变种或观赏品种而已。

〔清〕陈淏《花镜》记有诸色桃，共计二十四品，观花食果兼有，如人面桃，花粉红，千叶，少实；绯桃，花如剪绒，比诸种开迟，色艳；鸳鸯桃，千叶，深红，开最后，其实必双；水蜜桃，其味甜如蜜；白碧桃，单叶、千叶二种，唯单叶结实繁；寿星桃，树矮而花千叶，实大，可作盆玩。以上品种，今或仍有之，或其名尚存，余不一一尽录。

花·今夕
Nowadays

古之桃花，泛指今之数种，以物种论，当以今之桃为正，其学名曰 *Amygdalus persica*，桃花乃其花也；余者如山桃、碧桃、二色桃、人面桃之类，皆可以桃花呼之。今之桃，其株为乔木，茎暗红褐色，叶条形，若柳叶而大，略迟于花而出，然花开过半，则旧花新叶并生。其花色或淡粉，或粉红，梗短，花瓣五数，有妖娆之态，而不以妩媚袭人，故曰“桃之夭夭”。此花南北各地栽植，或为赏花，或为食果，华于春日，依品种有别，初绽之时早晚各异。

桃之品类甚众，食果之桃通称“果桃”，赏花之桃通称“观赏桃”，个中又有诸类，各具其名：单粉桃，五瓣，色淡粉，其花绝类果桃；人面桃，重瓣，色粉，取“人面桃花”之意；二色桃，重瓣，色淡粉，然亦有粉红色花者，混于枝上，同株具二色花也；碧桃，重瓣，色紫红，不见蕊；白碧桃，重瓣，色白；菊花桃，重瓣而狭，若小菊花状，色紫红；紫叶桃，复瓣，色或红或紫红，叶作紫褐色。此外亦有数种。

玉兰

［惊蛰一候］

点破银花玉雪香

春日里只消玉兰花一开，随后便是各色春花，因而小时候望见玉兰吐芳，是件欣喜的事。起初我不怎么喜爱玉兰，因那花极易弄伤。夜雨打湿，东风吹落，花瓣就不再是洁白，而带了腐朽一般的黄褐色，那感觉让人又厌恶，又难过。因此小时候我从不收集玉兰花瓣，不想要收来许多糜烂的春光。

后来，我家窗外栽了几株玉兰，那是窗口能见到的最早开放的春花，故而我也渐渐对这花爱怜起来。彼时小区里多栽低矮的玉兰树苗，其实我更喜爱的是高大的玉兰树。我所见过的最大的玉兰树，生于中科院植物所的院子里，唯有粗壮的枝条，夭矫着伸向青天，才不至于显得花朵太过沉重，才不会在心里生出不堪负荷的哀叹。

大学毕业那年春日，在校园里头四处游荡，用刚刚购买的数码相机，将每一处景致都拍下来。记得有一座教学楼前，栽种了几棵玉兰，四层楼高，花开时甚是壮观。唯独我的摄影技术不佳，在那里徘徊了两日，都拍不出满意的照片，心中焦躁不已。大约那时进出教学楼的学生们，间或能够看到有一个莫名其妙的家伙，抬头看着玉兰树，绞尽脑汁，不知在谋划些什么。

同样在读大学期间，闲聊时说起，我曾经以为食堂里的玉兰片，就是玉兰的花瓣。有个朋友说道："我还真吃过玉兰的花瓣，辣的！"想起古人说，玉兰是风姿绰约的典雅女子，我想，也许在她骨子里，其实是一个辣妹。

花·史话
History

玉兰芳名，自明朝始广为人赞，盛于明清两代。〔明〕王象晋《群芳谱》记曰："玉兰，花九瓣，色白，微碧，香味似兰，故名。丛生，一干一花皆着木末，绝无柔条。隆冬结蕾，三月盛开。"〔明〕王世懋《花疏》亦曰："千干万蕊，不叶而花，当其盛时，可称玉树。树有极大者，笼盖一庭。"〔清〕李渔《闲情偶寄》言之甚详："世无玉树，请以此花当之。花之白者尽多，皆有叶色相乱，此则不叶而花，与梅同致。千干万蕊，尽放一时，殊盛事也。"又言玉兰忌雨，逢雨水则其色皆变，腐烂可憎。

玉兰、辛夷、木笔之类古人竟不能分，以为皆是一物，故言辛夷花白者为玉兰，又与木兰混同，故唐宋少有单咏玉兰之诗文。〔宋〕吴文英《琐窗寒·玉兰》言："绀缕堆云，清腮润玉，汜人初见。蛮腥未洗，海客一怀凄惋。"以玉兰为方外之花。明清乃分玉兰、辛夷诸名，其色迥然有别。〔清〕屈大均《广东新语》曾记，以辛夷、玉兰合二为一，盖嫁接之术也，一树双花，有诗赞曰："辛夷与玉兰，一白复一紫。二花合一株，颜色更可喜。"

玉兰因花清香，故有君子之名，〔清〕张潮《幽梦影》言："玉兰，花中之伯夷也。"〔清〕爱新觉罗·弘历《玉兰》诗曰："镂玉为花香是兰，庭阶雅合几株攒。问谁识得个中趣，幼度曾闻答谢安。"

亦因花色洁白，香又清幽，文人以玉兰比拟冰雪仙女，乃至优雅

女子。〔明〕文徵明《玉兰》曰："绰约新妆玉有辉，素娥千队雪成围。我知姑射真仙子，天遣霓裳试羽衣。影落空阶初月冷，香生别院晚风微。玉环飞燕元相敌，笑比江梅不恨肥。"〔明〕沈周《题玉兰》诗言："翠条多力引风长，点破银花玉雪香。韵友自知人意好，隔帘轻解白霓裳。"〔清〕汪灏《广群芳谱》记玉兰食用之法："花瓣择洗净，拖面麻油煎，食至美。"其法今不传矣。

花·今夕
Nowadays

古之玉兰，即今之玉兰之属，其下数种皆冠此名，而最似今之玉兰，其学名曰 *Yulania denudata*。其株为乔木，叶未见时，花独绽于枝端，略逞清芬。其花色白，近花心处间或微染紫红，花瓣九数，质厚而温润，对日凝望，宛若脂玉，然此瓣非花瓣也，呼作"花被片"。花蕊聚合，若塔状。此花南北各地栽植，华于春日。

棣棠

[惊蛰二候]

黄金镂瓣浅深匀

花·遇见
Meeting

城市里栽种的棣棠花，原本都是重瓣的。我不大中意重瓣棣棠，觉得那球形的金色花朵，有些累赘的俗气。偏偏这花又极耐开，春日绽放，有些植株直到秋天依然有花，看得多了，就更加厌烦起来。

直到读大学时，见到了单瓣的棣棠，那应当是最初棣棠的模样，尚未按照人们的审美意愿而改变。单瓣棣棠令人感觉舒畅得多，毕竟是正常的花朵模样了。特别是山间的野生植株，在林下恣意绽放灿烂的金黄色花朵，远远瞥见，让人心里生出些许暖意。想来古时原本没有关于重瓣棣棠的说法，明朝人热衷于重瓣，才搞出这样的花球来，绵延至今。

我大约更喜爱植物原本的模样吧，于是对于重瓣，难免会多几句嘲讽。故而后来在关于棣棠的稿件里头——提到棣棠喻意兄弟情谊——我曾在结尾如此写道："天然变异了的重瓣棣棠，纵然如今各地常见栽培，因为变异，所以不见果实。这一特征倒是和棠棣所指代的兄弟情谊暗合：兄弟再怎么多，怎么互助，也是不能繁育出后代的。"

花·史话
History

棣棠之名，自古多有混淆。〔汉〕许慎《说文解字》曰："棣，白棣也。"〔晋〕郭璞《尔雅注》中以"常棣"为棣，称此树"子如樱桃"，盖由此故，棣棠乃有棠名。或曰本有唐棣、常棣二物，常棣又误作棠棣，更讹为棣棠。棣棠名自北宋始为人呼，〔宋〕沈括《梦溪笔谈》记曰："常棣字或作棠棣，亦误耳。今小木中却有棣棠，叶似棣，黄花绿茎而无实，人家亭槛中多种之。"

因《诗经·小雅·常棣》言："常棣之华，鄂不韡韡。凡今之人，莫如兄弟。”以棣萼与花瓣相依相持之意，喻兄弟情谊。故〔唐〕高骈《塞上寄家兄》诗句曰：“棣萼分张信使希，几多乡泪湿征衣。”依棣萼韡韡之说，〔宋〕梅尧臣《棣棠花》诗曰：“更衣入侍宫中贵，韡韡芸黄殿后花。斗色长宜日光近，生辉尤喜盖阴斜。依稀鞠服开风袂，约略仙盘裹露华。不与艳桃偷结子，漫天飞去作朝霞。”所咏者古之常棣，黄花又如今之棣棠，与沈括之言无异。

虽何为《诗经》所言“常棣”，至今仍有诸说，然其中黄花者，当为棣棠无疑。〔宋〕史能之《咸淳毗陵志》载：“棣棠，诗云棠棣，梅圣俞所谓韡韡芸黄殿后花是也。”又〔宋〕董嗣杲《棣棠花》曰：“绿罗摇曳郁梅英，袅袅柔条韡韡金。荣萼有光倾日近，仙姿无语击春深。盛传覆弟承华喻，别纪遗恩芾木阴。晚圃甚花堪并驾，周诗明写友于心。”

自宋以降，因棣棠花色与皇家之色略同，乃以此花比皇袍。〔金〕高士谈《棣棠》诗云：“闲庭分植占年芳，袅袅青枝淡淡香。流落孤臣那忍看，十分深似御袍黄。”〔清〕爱新觉罗·弘历《棣棠》诗反此意而讽之：“黄金镂瓣浅深匀，几缕晴丝染曲尘。任尔柔条罗带结，知难系取可怜春。”

明清两代，棣棠乃见重瓣者，多为人植。〔清〕陈淏《花镜》记曰：“棣棠花，藤本丛生，叶如荼蘼，多尖而小，边如锯齿。三月开花，金黄色，圆若小球，一叶一蕊，但繁而不香。”所谓小球者，重瓣不结实，故而〔清〕吴其濬《植物名实图考》言：“棣棠有花无实。”〔清〕邹一桂《小山画谱》有黄棣棠，曰：“蔓生，花黄，千叶如球，大如弹丸，长条千朵。开足圆满，不见蒂。叶尖圆有齿，宜植篱间。四月花开。”

花·今夕
Nowadays

古之棣棠，所言何物，众说纷纭，其一说当为今之棣棠花，其学名曰 *Kerria japonica*。其株为灌木，枝色绿，叶卵状，花生诸新生枝端，其色金黄，花瓣五数，盛放之日，翠带镕金，别有情味。此花野生于华中、华东、西南、西北山林间，各地亦多见栽植，仲春始华，或可绵延入夏。

又有重瓣棣棠，棣棠花之变型也，花重瓣，团圞如球，不见蕊，其花荣落绵延，自春及秋，三季皆可赏。

木瓜

千般婉娜不胜春

［惊蛰三候］

从前我全然不识木瓜花。第一次春日里去武汉，看到这花，以为是某种海棠。正应了古人所谓的“海棠四品”，木瓜居其一，曰“木瓜海棠”。确然有几分相似，但又不及海棠那般热闹，总觉得不是十分值得关注的花。后来在成都，因辗转要去尼泊尔，只停留半日，偶然在无人的院落一隅，见了枝头的木瓜花。阴郁的角落里，几枝粉艳，些许暖意，竟如此轻易地撼动人心。

可惜今人几乎不吃木瓜，栽得较少，并不如桃杏李梅那般常见。更有番邦外国而来的番木瓜，果蔬市场里，彻底抢了木瓜的名字。如今提起木瓜，倒是有许多人以为是番木瓜，还会惊奇一下：“木瓜开花这么好看吗？”不不，那是番木瓜。解释起来自然有些麻烦，在这个正品木瓜没落到近乎被人遗忘的年代里。

今年春日，有人送了我一棵木瓜树苗，于是和女儿一起，在小院子里将它栽下。深秋时节，有人发来一张植物图片，问我是什么果子，我看了看，觉得或许是榅桲。那果子生长的地方，距离我家不远，于是索性去看看。看了实物，才知道其实是木瓜。树的叶子已经全部变红了，黄色的果实还在枝头。我从未想过在北京，木瓜也可以生得如此丰腴。回到家，看见小院子里的木瓜，叶子其实也已变红，只不知道明年春天能不能开花了。想到此处，竟有些迫不及待，对于下一个春天，又增添了几分期许。

花·史话

History

木瓜以果实闻名，《尔雅》言木瓜一名“楙”，〔晋〕郭璞注云：“实如小瓜，酢而可食。”或曰木瓜味酸，五行属木，故曰木瓜。故而〔明〕李时珍曰：“木瓜味酸，得木之正气，故名。亦通。楙从林、矛，谐声也。”

木瓜果可食，自古为美木，《诗经·卫风·木瓜》言：“投我以木瓜，报之以琼琚。匪报也，永以为好也。”先秦以木瓜制酸食，其可贵与美玉同，故为定情之物。〔汉〕秦嘉《赠妇诗》曰：“诗人感木瓜，乃欲答瑶琼。愧彼赠我厚，惭此往物轻。”取此意也。

春日木瓜花开，亦可玩赏。因其色绯红，若淡抹胭脂，故而文人以此花比女子容貌。〔唐〕刘言史《看山木瓜花》诗云：“裛露凝氛紫艳新，千般婉娜不胜春。年年此树花开日，出尽丹阳郭里人。”〔宋〕王寀《蝶恋花》词赞之曰：“晕绿抽芽新叶斗。掩映娇红，脉脉群芳后。京兆画眉樊素口，风姿别是闺房秀。新篆题诗霜实就。换得琼琚，心事偏长久。应是春来初觉有，丹青传得厌厌瘦。”

木瓜花开稍晚，正值春光过半之时。〔宋〕王令《木瓜花》诗曰：

“簇簇红葩间绿荄，阳和闲暇不须催。天教尔艳呈奇绝，不与夭桃次第开。”然此花无凌寒之志，又无幽香，故品格稍逊。〔宋〕张翊《花经》列之作“七品三命”，〔明〕张谦德《瓶花谱》仅以木瓜为“九品一命”，瓶花之最下品也。

亦有“木瓜海棠”列海棠诸品之中，实则木瓜非海棠也，唯花略似而已。一说“木瓜海棠”乃毛叶木瓜，与木瓜同类而有别。〔明〕文震亨《长物志》言：“木瓜花似海棠，故亦有木瓜海棠。但木瓜花在叶先，海棠花在叶后，为差别耳。”又有铁干海棠，一名贴梗海棠，此亦木瓜之属，非真海棠也。〔清〕邹一桂《小山画谱》言：“贴梗海棠，大红花，五出。蒂大而青色。三五丛开，开时有叶，但花叶俱着梗，无柄，故名贴梗。黄心一簇，反瓣淡红，三月开。亦有四时俱花者，结实如栟子。”〔清〕爱新觉罗·弘历《贴梗海棠》诗道：“迥异垂丝影动摇，敷花著干见丰标。不香亦自饶风韵，金屋何妨贮阿娇。”

花·今夕

Nowadays

古之木瓜，一名木瓜海棠，今亦呼作木瓜，其学名曰 *Chaenomeles sinensis*。其株为小乔木，亦栽植若灌木状，茎有斑块，其纹屈曲如云团，叶长圆，花生叶腋间。其花色或粉红，或略浅淡，乃至几近色白者，花瓣五数。此花野生于华东、华中、华南山林间，各地亦栽植，园林之间尤甚，多荣于仲春。

今民间俗谓“木瓜”者，色橙而肉糯，内中多黑籽，其正名当作“番木瓜”，舶来之物，非此间所言之木瓜也。木瓜为花者，同类亦有皱皮木瓜，别称“贴梗海棠”，其株为灌木，枝上疏生长刺，花贴于枝上而生，其色猩红。

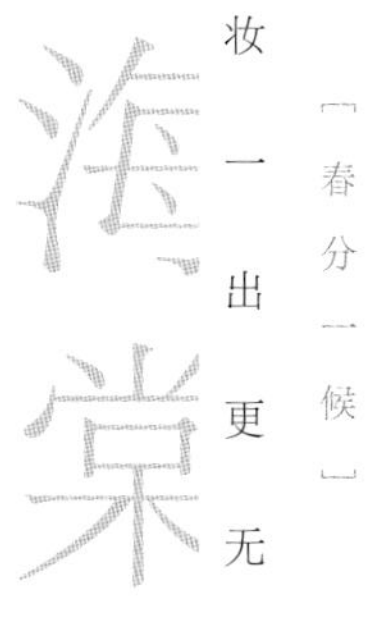

［春分一候］

艳妆一出更无春

花·遇见
Meeting

因着海棠花于我而言太过寻常，反而长久以来，我都未曾珍惜过，也不能体味到海棠花的娇美轻柔。小时候离家不远的小区花园里，有两株耸立的海棠，春日里一派繁花，小孩子在树下奔跑，狗和猫也于树影之间往来穿梭，秋日的果子我也吃过，涩涩的，不好吃。后来城市里栽的海棠花也多起来，瘦瘦小小的，单薄的枝干缀着繁缛的花，并不怎么美好，反而让人替它们感觉艰辛。

见到硕大的海棠花，是在宋庆龄故居——位于北京老城之内，后海北岸。读大学时，跑过去玩耍，恰遇到海棠花热闹地开放。那是几树西府海棠，春日盛放，连同院落的地面和屋顶，也撒满了飘落的花瓣。风中带有落花的清新味道，花瓣和气味落在肩头，落在鬓角，落在眉眼追随的角落和衣袖上，惹人沉醉。那时我才知道海棠花的妙处。委实妙不可言。

北京城里刚刚四处栽种进口的海棠花园艺品种时，我记得曾将它们笼统地称为“北美海棠”，实则它们各有各的名字，也各有各的妖娆。花色或浓艳，或淡雅，深紫红色，淡粉色，白色，忽而就在街边冒出来，和传统的春花们，争夺路人眼光。我对这些外来的海棠花甚是嫌恶：本来春花已够多了，何必要请外来的和尚来念经呢？直到去年春天，跑去上海植物园，在一片“北美海棠”树下，许多游客争相拍照留念。我看了一阵子，大约觉得，这也许就是所谓的多样性吧，喜爱这样的花，喜爱那样的花，人们的喜好总不相同。多一些选择也好。更何况，满树盛花的“北美海棠”们，看起来也确然不坏。

花·史话
History

海棠花之名，源于其果。〔汉〕许慎《说文解字》曰“牡曰棠，牝曰杜”，以枝上具细柄小果者曰棠，故杜梨又名甘棠、棠梨。〔明〕李时珍援引〔唐〕李德裕《平泉花木记》曰：“凡花木名海者，皆从海外来。如海棠之类是也。”又引〔唐〕李白诗注云：“海红乃花名，出新罗国，甚多，则海棠之自海外有据矣。”明清时以为海棠花与海红同物双名，花时曰海棠花，果时曰海红。故以海棠原非中原所有，海外而来，乃有海名。

世传有“海棠春睡”故事。〔宋〕僧惠洪《冷斋夜话》记唐明皇杨贵妃事。明皇登沉香亭，召太真妃，于时卯酒未醒。命力士使侍儿扶掖而至。妃子醉颜残妆，鬓乱钗横，不能再拜。明皇笑曰：岂妃子醉？直海棠睡未足耳。后人依此称海棠作“花贵妃”。

〔明〕王象晋《群芳谱》记之曰：“海棠盛于蜀，而秦中次之。其株翛然出尘，俯视众芳，有超群绝类之势。而其花甚丰，其叶甚茂，其枝甚柔，望之绰约如处女，非若他花冶容不正者比。”盖因花开娇艳，自唐以降，多以海棠喻女子。〔唐〕郑谷《海棠》诗道：“春风用意匀颜色，销得携觞与赋诗。秾丽最宜新著雨，娇饶全在欲开时。莫愁粉黛临窗懒，梁广丹青点笔迟。朝醉暮吟看不足，羡他蝴蝶宿深枝。”

惜乎此花无香，传〔晋〕石崇见海棠叹曰，汝若能香，当以金屋贮汝。又传〔宋〕彭渊材（一说刘渊材）平生所恨者五事：一恨鲥鱼多骨，二恨金橘太酸，三恨莼菜性冷，四恨海棠无香，五恨曾子固不能诗。海棠无香，古人以为大憾，其意往往如此。

海棠之花，盛于春半，故〔宋〕杨万里《海棠》诗有句言：“落日争明那肯暮，艳妆一出更无春。”又以风雨催花纷落，而叹春留不住，匆匆流逝。〔宋〕李清照《如梦令》曰：“昨夜雨疏风骤，浓睡不消残酒。试问卷帘人，却道海棠依旧。知否？知否？应是绿肥红瘦。”肥瘦之说，需花叶同枝，更兼楚楚之态，唯言海棠可得其神也。

〔宋〕张翊《花经》记垂丝海棠“三品七命”，而海棠“六品四命”，乃知彼时海棠已非一种。至〔明〕张谦德《瓶花谱》，则记西府海棠“二品八命”。明清时常言海棠诸品，有垂丝海棠、西府海棠、贴梗海棠、木瓜海棠之类，此一说自《群芳谱》始。其中记西府海棠曰：“枝梗略坚，花色稍红。”后人竟以之为海棠第一。〔清〕邹一桂《小山画谱》言海棠道：“三月花，五出，多层。蕊丛生，深红。开足正面白，反瓣深红，其瓣狭长而圆末。柄蒂俱红者，为西府海棠。唐时大内所植，今不易得。”清人多持此说，故《红楼梦》中称西府海棠曰“女儿棠”，传说此物系出女儿国。今虽亦有海棠花、西府海棠诸名，然古今或有别，其名实已乱数十年矣。或曰，唐宋谓之海棠者，实乃今之楸子也，又明清时曰西府海棠，实为海棠花之特异者，今人言别有一种，非也，又道今所谓海棠花，初或为沙果之属。虽一家之言，且录于此。

花·今夕
Nowadays

古之海棠，泛指今之数种，譬如海棠花、西府海棠、垂丝海棠，皆苹果之属也。今名作海棠花者，其学名曰 *Malus spectabilis*，其株为乔木，叶长圆，花作四六之数，聚若伞状，各具柄，翩然悬缀。其花未绽时，蕾色红，盛放则花瓣五数，花色转白，微带粉红而已。此花多见于北部、东部诸地，仲春初荣，季春凋落。

所谓"海棠四品"者，一曰西府海棠，一曰垂丝海棠，余者乃木瓜之属，非海棠也。西府海棠或为杂交所得，其花复瓣，或八数，或十数，不若海棠花之单薄。垂丝海棠者，花色粉红，重瓣，具长柄，花皆下垂，灿然一时，若美人着盛装也。

梨花

［春分二候］

玉容寂寞谁为主

花·遇见
Meeting

能够理解到梨花的美妙，竟是近几年的事了。从前也见了各种梨花，却总是不知道何故，自动过滤掉了，记不真切。大约是春花太多了吧，梨花风韵不及海棠，娇媚不若桃花，香味不甚出众，又不早开，故而夹杂于一众春花之间，被人忽略，亦无计可施。

或许不认识的花，在我心里头总是印象浅淡。从前我也分不清，何为李花，何为梨花，何为海棠，何为樱花，实则在我家附近的公共绿地上，就栽着几株梨花来着。只记得那里有些春日绽放的白花，如此而已。另一处约略记得的，是在北京动物园里头，或许是长颈鹿馆的背后吧，有一株孤单的梨花，背靠着场馆老旧的红色砖墙，向北生长，躲在阴影里，生着白花的枝丫，努力伸向墙头之外的阳光。

五年前的春日，我与妻骑车外出，在城中闲游，一路看看春花。在一条商业街的尽头，路边栽种了数株梨花。那花是近两年才栽的，却是移来的老树，花正好，满枝雪白。那日天空碧蓝，几无微风，花看不尽，惹人沉溺。我在树下拍照，每一张照片似都不用修饰，就能收获美妙的色彩。那时候忽然在心里头涌出辛弃疾的词句："梨花也作白头新。"怎样玩味，都觉得此句大妙。那是仅属于藏在春光夹缝中的恬淡午后，那几树花，前后也未曾开满六七日，如今想来，依然觉得宛如幻梦。

花·史话
History

梨花之名，由果而来。梨字古时亦作"梨"，〔明〕李时珍引〔元〕朱震亨之说曰："梨者利也，其性下行流利也。"又〔南朝梁〕陶弘景《本草经注》言："梨种殊多，并皆冷利。多食损人，故俗人谓之快果。"所言之意虽有别，然皆言梨之名得于利字。

梨花色白，又有微香，怀高洁雅致之意，古时文人以此花自比，言清高之志向。〔唐〕王维《左掖梨花》诗言："闲洒阶边草，轻随箔外风。黄莺弄不足，衔入未央宫。"〔唐〕丘为亦以《左掖梨花》为题，诗曰："冷艳全欺雪，余香乍入衣。春风且莫定，吹向玉阶飞。"俱有良才求事君王之意。

〔宋〕张翊《花经》列梨花作"五品五命"。唐宋时又以梨花素雅，常用作比拟女子冰雪之姿。或因梨花随风飘逝，惹人哀叹，故以之喻伤春感怀情绪。〔唐〕白居易《长恨歌》有云："玉容寂寞泪阑干，梨花一枝春带雨。"〔宋〕史达祖依此意作《玉楼春·赋梨花》词曰："玉容寂寞谁为主？寒食心情愁几许。前身清澹似梅妆，遥夜依微留月住。香迷胡蝶飞时路，雪在秋千来往处。黄昏著了素衣裳，深闭重门听夜雨。"伤春情绪，绵延至感叹红颜易老、光阴流逝，〔宋〕梅尧臣《梨花》诗乃有言道："处处梨花发，看看燕子归。园思前法部，泪湿旧宫妃。月白秋千地，风吹蛱蝶衣。强倾寒食酒，渐老觉欢微。"

又因梨花洁白似雪，故古人亦常有以梨花与雪互喻者。〔唐〕岑参《白雪歌送武判官归京》诗句有言："忽如一夜春风来，千树万树梨花开。"〔唐〕杜牧《初冬夜饮》诗亦曰："砌下梨花一堆雪，明年谁此凭阑干。"皆以梨花喻雪。〔宋〕王十朋《梨花》诗道："谪仙天上去，白雪世间香。"则以雪喻梨花。

花·今夕
Nowadays

古之梨花，泛指今之数种，譬如白梨、秋子梨、沙梨、豆梨，皆梨之属也。姑以今之秋子梨详述之，其学名曰*Pyrus ussuriensis*，其株为乔木，叶心形，具长柄，花作五七之数，聚若伞状，各具柄，生诸枝

端。其花色白，花瓣五数，雄蕊之端花药色紫，雌蕊分作五枚花柱。此花多见于北方，野生于山林沟谷，亦多栽植，华于仲春。

余者数种梨花，花皆白色，绝胜新雪。有白梨者，叶阔，雄蕊短，花柱为四五之数，北方多栽植；有沙梨者，叶圆，雄蕊短，华中多栽植；有豆梨者，花柱为二三之数，其实小而圆，若豌豆粒，不堪食。

丁香

［春分三候］

纵放繁枝散诞春

花·遇见
Meeting

其实我曾一度不喜欢丁香的模样，却偏爱它的味道。总觉得小花聚集在枝头，乱糟糟的，掩映于新绿的枝叶之间，不甚灿烂。唯有香气，令人对这花由不得不喜爱。丁香的气味不甚霸道，却清雅悠扬，大约是北京城里常见的香花之中，气味可以名列前茅的种类。

小时候不理解雨中丁香的韵味，记得初读戴望舒的《雨巷》，读到："我希望逢着，一个丁香一样的，结着愁怨的姑娘。她是有，丁香一样的颜色，丁香一样的芬芳，丁香一样的忧愁，在雨中哀怨，哀怨又彷徨。"觉得，那样的姑娘，何以令人迷恋呢？大约有一点点矫情吧。

后来终于见了雨中的丁香。濛濛细雨，冲淡了花的味道，只靠近深嗅，才能捕捉到些许清甜，混在雨水的潮湿气味中，有丝丝缕缕无可言说的情愫，隐约触碰内心深处的角落。再后来，见了雨后的白丁香，花落遍地，横陈于春泥之上，那静默的哀怨，惹人爱怜。

北京法源寺内，有多株丁香，接连成片，花开时真个满院幽香。妻喜爱丁香花，去那里看过好几次，我却一次也未能前往。有几次都说要同去的，只是临时有事，要么生病，要么出差，错过了花开的最佳时节。如今有朋友问我，去哪里看丁香呢？我还是会不假思索地回答，去法源寺。只因那里的丁香，是我一直惦念着，却尚未谋面的，一份情结。

花·史话
History

丁香之名，因花蕾似丁子，又有馨香，故名。又有别种曰丁子香，一名鸡舌香，非丁香花也，古人将二者混同，故而〔明〕李时珍引〔北魏〕贾思勰《齐民要术》之说曰："鸡舌香，俗人以其似丁子，故呼为

丁子香。”虽名实谬也，然丁香得名之意可知。今人以为二者有别，当称观花者曰丁香花，则不必与丁子香混淆矣。

〔前蜀〕李珣《河传》词言：“愁肠岂异丁香结？因离别，故国音书绝。”世人以丁香花蕾似结，又名“百结”。〔宋〕许及之《百结》诗曰：“丁香从百结，恨只满东风。未必愁能解，虚传酒有功。”由此，〔清〕黄氏《蓼园词评》言：“丁香一名百结花，其子有雌雄，雌者击破有顺理而解为两向。”以百结之故，丁香花入诗文喻愁绪及情愫。

〔唐〕陆龟蒙《丁香》诗曰：“江上悠悠人不问，十年云外醉中身。殷勤解却丁香结，纵放繁枝散诞春。”又〔南唐〕李璟《摊破浣溪沙》词道：“青鸟不传云外信，丁香空结雨中愁。”丁香花不浓艳，小而纷乱，本不堪赏，为人赞者，唯香气悠远。〔唐〕杜甫《丁香》诗云：“丁香体柔弱，乱结枝犹垫。细叶带浮毛，疏花披素艳。深栽小斋后，庶近幽人占。晚堕兰麝中，休怀粉身念。”由此之故，〔宋〕张翊《花经》列之作“三品七命”。

〔宋〕姚宽《西溪丛语》曰：“丁香为情客。”〔宋〕无名氏（一说王雱）《眼儿媚》词有言：“相思只在，丁香枝上，豆蔻梢头。”以丁香代思恋。又因古人以为丁香与鸡舌香相通，乃以丁香指舌，尤以美人舌为甚。〔南唐〕李煜《一斛珠》词，一说此作咏美人口，有言道：“晓妆初过，沉檀轻注些儿个。向人微露丁香颗。一曲清歌，暂引樱桃破。”以丁香为舌，樱桃喻唇。

丁香花以色淡紫者为正。〔明〕高濂《草花谱》记曰："紫丁香花，木本，花如细小丁，香而瓣柔，色紫，蓓蕾而生。"后亦有白花者，花色白，余者与紫丁香无异。〔清〕吴其濬《植物名实图考》言："按丁香北地极多，树高丈余，叶如茉莉而色深绿，二月开小喇叭花，有紫白两种，百十朵攒簇，白者清香，花罢结实如连翘。"

花·今夕
Nowadays

古之丁香，有二类。其一乃今之丁子香，出南国，花蕾可作香料，不堪玩赏。其二乃赏花之丁香，或可谓之丁香花，泛指今之丁香之属数种，而以今之紫丁香为正，其学名曰*Syringa oblata*。其株为灌木，叶心形而宽大，花小而密集，聚作圆锥状，生诸枝端。其花色淡紫，未绽时，蕾如细丁，盛放观之，花下部如细管，上部裂作四数，其香芬馥悠远。此花野生于北方山林间，南北亦多栽植，仲春而华，入夏乃凋萎。

又有白丁香，乃紫丁香之变种也，花色白。余者丁香诸品类，今亦间或可见：曰红丁香者，花色淡粉红；曰暴马丁香者，花色乳白，其香过腻；曰羽叶丁香者，叶如羽状，花色淡紫；曰欧丁香者，叶卵状，花色或紫，或淡紫，或紫红。

夜久春恨多，风清暗香薄

〔清明一候〕

桐花

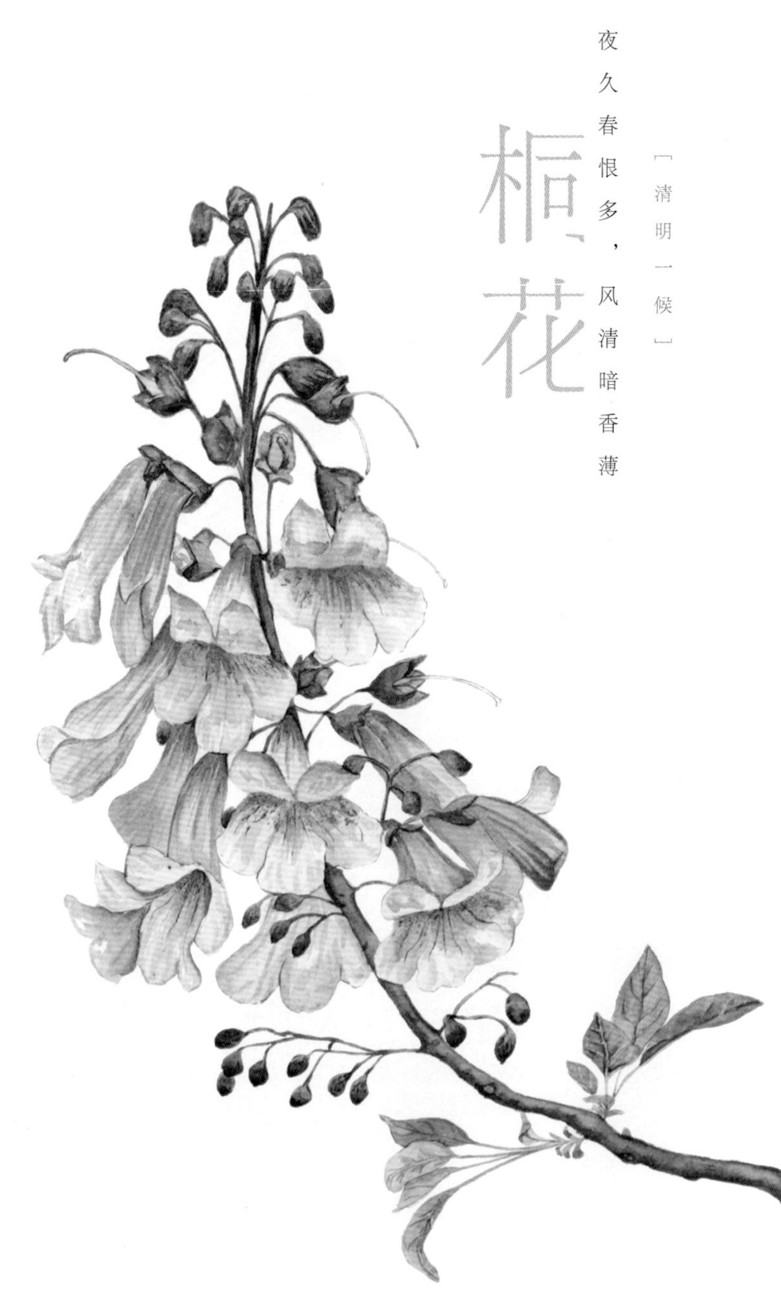

花·遇见

Meeting

我是自小识得泡桐花的——开紫色花，如今看来，种类应是毛泡桐。每逢清明谷雨之间，泡桐花便于光秃秃的树枝上绽放。因这花毛茸茸的质感，小时候很喜爱，觉得像是栖息于枝头的小兽。花也有浅淡而甜腻的香味，有的小孩子取了花朵来，吸食一番，然而我却没吸到过确然的花蜜，大约是新花生在高枝，取来不易，落花却已无蜜了。

然而毛泡桐的花，又十分令人烦恼。那花掉落不久，便会渐渐腐烂，地面上生出一种奇特的纠结味道，腐朽混杂着甜香，因此我虽喜爱泡桐花的手感，却不至于捡了回家。后来读大学时，自东门入校，便是一条毛泡桐林荫道，春末花落遍地，逢着细雨，路面湿滑，气味偏又弥散，说来也自惹人厌烦。只是那些硕大的泡桐树，早已成了关乎校园记忆的一部分，无可抹去。盼那树年年花繁才好，若是花落雨落，我也想回去细嗅那糜烂腐朽的甜美气味。

在我曾经居住的老宅窗外，大约刚刚读小学时，有几株泡桐树苗，一株在排水管顶端的槽内，几株在墙角。我躺在床上，恰能看到排水管顶端那株。记得长了两三年，也开始生出似模似样的硕大叶子了，继而遇上维修，被工人拔了去。墙角的几株，在我搬离老宅前两年，土地被铺了水泥，改作停车场时，大都被铲除，只留了最高的一株还在。前些天回到那里，见着曾经的树苗，纵使无人管护，又在阴影的夹缝里，也终究高过了四层楼，生出了花蕾来。我在心里想着，喂，没想到也有看到你开花的一天呀！屈指算来，这也过了三十年了。

花·史话

History

桐花之名，依〔明〕李时珍《本草纲目》言：“桐华成筒，故谓之桐。”又记诸桐道：材轻虚，色白而有绮文，俗谓之白桐；泡桐，古谓之椅桐，先花后叶，《尔雅》谓之荣桐。《诗经·鄘风·定之方中》有句："树之榛栗，椅桐梓漆，爰伐琴瑟。"以此六木善合音律。一说椅、桐乃二种，桐为泡桐，椅为山桐子，一说椅桐即泡桐是也。〔明〕张岱《夜航船》载，汉蔡邕在吴，吴人烧桐以爨，邕闻其火爆声曰："良木也。"请截为琴，果有美音。其尾犹焦，因名其琴曰"焦尾琴"。由此知桐木宜制为琴也。

盖古人将桐与梧混淆，以为桐即是梧，非也。梧曰梧桐，一名青桐，又名井桐，花小而繁于夏。桐花既若筒形，知其非梧，又《逸周书·时训解》记曰："清明之日，桐始华。桐不华，岁有大寒。"乃知桐应为今之泡桐一类。〔宋〕陈翥《桐谱》言："桐之类非一也。"记数种，曰白花桐，曰紫花桐，曰油桐，曰刺桐，曰梧桐，曰贞桐，前二者乃今人所谓泡桐之属，余者或因叶阔而能荫，故皆有桐名。

至于桐花者，陈翥所谓白花桐"花先叶而开，白色，心赤内凝红"，而紫花桐"花亦先叶而开，皆紫色，而作穗，有类紫藤花也"。古人诗文言桐花者，应以成筒者为正，紫白二色俱有。〔唐〕元稹《三月二十四日宿曾峰馆夜对桐花寄乐天》诗有句曰："微月照桐花，月微花漠漠。怨澹不胜情，低回拂帘幕。叶新阴影细，露重枝条弱。夜久春恨多，风清暗香薄。"又言"是夕远思君，思君瘦如削"，以桐花比兴寄思念之情。〔唐〕白居易乃有《答桐花》诗，其间有"叶重碧云片，花簇紫霞英"之句，所言乃紫花桐也。

白花桐开，则春意已至，紫花桐落，则春光已老，二者花开时节不同，寓意亦有别。〔宋〕方士繇《崇安分水道中》诗："溪流清浅路横斜，日暮牛羊自识家。梅叶阴阴桃李尽，春光已到白桐花。"所言则白花桐是也。〔宋〕徐抱独散句"谁与深春共憔悴，隔江一树紫桐花"，〔宋〕杨万里《桐花》诗句"红千紫百何曾梦，压尾桐花也作尘"，伤春之语，所言乃紫花桐。〔元〕方回《桐花》诗亦道："怅惜年光怨子规，王孙见事一何迟。等闲春过三分二，凭仗桐花报与知。"

花 · 今夕
Nowadays

古之桐花，所言数类，多有谬误，当以今之泡桐之属为正，姑以今之毛泡桐详述之，其学名曰 *Paulownia tomentosa*。其株为乔木，叶心形，具长柄，花聚作圆锥状，共生于枝端。其花色淡紫，故曰“紫花桐”，花形如筒，顶端裂作上下二唇。此花多见于北部、中部、东部，野生于山间沟谷，亦多栽植，荣于仲春，零落于春尾。

又有光泡桐，乃毛泡桐之变种也，叶下近无毛。古曰“白花桐”者，乃今之白花泡桐，花色白，虽则形如筒，而稍前曲，筒内有紫斑。另有台湾泡桐，绝类毛泡桐也，唯其花聚作圆锥状，甚宽大，花色间或作蓝紫，筒稍前曲，差可区分，东部、南部多此种也。

紫藤

［清明二候］

缨络分垂百尺身

花·遇见
Meeting

我从小就很喜爱紫藤，喜爱它的颜色。毕竟不同于春日里大多数的其他花朵，这样的紫色，甚是难得。记得在我尚未上学的时候，曾有一阵子，被送去一位老奶奶家，白天由她来帮忙看护。那位老奶奶喜爱在藤花垂蔓的时节，慢慢踱去公园的花架下，拿了小袋子，细心地一点一点收集紫藤花。不需多，似乎每天只收一点点，至于是后来用制糕点，还是他用，在我残存的记忆里已经找不到答案。总之提起紫藤，便会依稀想起那场景，遥远而温热。

后来上学了，我却不怎么愿意在紫藤架下停留。彼时风气，青年男女偏爱在公园一类的场所，耳鬓厮磨，亲热缱绻，紫藤架下，难免会被恋人占据。淘气的小男孩，就会成群结队，壮着胆子，跑去那边吆喝：“对儿虾，对儿虾，一块两毛八！”我是不想被疑为“对儿虾”的，当然也就要远离那些藤花。不过，喜爱是依然喜爱，仿佛老北京的院落庭园，总应当有一架紫藤，才算有味道。

如今我便住在有紫藤的绿地旁边，也算遂了一份心愿。只可惜那藤，总少人呵护，开花时难免被小孩子乱揪，架下不相干的施工，又毁了许多枝条。到初冬时，紫藤的种子掉落满地，扁圆形，围棋子大小。曾有朋友送了我几枚“文徵明手植紫藤”的种子，大约是苏州博物馆贩售的文创产品吧，我将种子浸泡，它们便鼓胀起来，栽种下去，却没了动静。想着，反正也没有足以容得下紫藤的院落，于是释怀。但总还是惦念，倘若我有一方自己的庭院，也会植一架小小的紫藤吧。这期许，想来，感觉美好。

花·史话
History

紫藤之说，依〔晋〕嵇含《南方草木状》：“紫藤叶细长，茎如竹根，极坚实，重重有皮。花白子黑，置酒中历二三十年，亦不腐败。其茎截置烟炱中，经时成紫香，可以降神。”或以其花能成紫香，乃呼作紫藤。至唐时，已知紫藤之花色紫，曰白花者，实谬也。〔明〕李时珍援引〔唐〕陈藏器之说曰：“四月生紫花可爱，长安人亦种之以饰庭池。江东呼为招豆藤。其子作角，角中仁，熬香着酒中，令酒不败。败酒中用之，亦正。其花挼碎，拭酒醋白腐坏。”此说则以花紫色，乃名之紫藤。

古人但言藤花，多指紫藤。〔明〕王士骐《藤花》诗云：“手种藤花大可围，暮春小圃亦芳菲。黄鹂隐叶惟闻啭，紫蝶寻春不辨飞。满架迎风光眩眼，绿溪着雨碧侵衣。漫道破除情事尽，长条柔蔓转依依。”一架藤花，把酒临风，乃文人所爱风雅之事。〔唐〕许浑《紫藤》诗道：“绿蔓秾阴紫袖低，客来留坐小堂西。醉中掩瑟无人会，家近江南罨画溪。”〔清〕刘因之《朱藤》诗亦有句曰：“铺席饮花下，飞英落芳樽。举酒和花食，可以醉吟魂。”

〔唐〕李白作《紫藤树》诗：“紫藤挂云木，花蔓宜阳春。密叶隐歌鸟，香风留美人。”或以为紫藤终可成巨树，或言此藤必攀树而登高。〔清〕陈淏《花镜》记曰：“紫藤，喜附乔木而茂，凡藤皮著树，从心重重有皮。”由此之故，多有人恶其性劣，好攀附，乃以紫藤比小人。〔唐〕白居易《紫藤》诗道：“谁谓好颜色，而为害有余。”更历数紫藤之过，

柔蔓空挂，缚树成枯，有似谀佞徒，又如妖妇人。然则见仁见智，紫藤性虽依附，却隐隐有龙形，〔金〕冯延登《藤花得春字》诗赞之曰：“龙蛇奋起三冬蛰，缨络分垂百尺身。”又以藤花入馔，其味堪比素八珍。民间更有紫藤饼，以藤花为馅，今人尤喜食。

花·今夕
Nowadays

古之紫藤，一作藤花，常言今之紫藤也，其学名曰*Wisteria sinensis*。其株为藤本，木质，叶作羽状，小叶奇数，花聚作串，垂于藤间。其花色淡紫，微带芳香，花形似蝶，绝类菜豆之花也。此花南北皆栽植，山林中亦有野生者，仲春初华，入夏乃落。

又有名曰藤萝，与紫藤甚相似，唯其花色青紫，而花聚作串稍短，差可区分。又有多花紫藤，数朵花聚作串，狭而长，今人甚爱。

琼花

［清明三候］

二月轻冰八月霜

我自小时候，就听说过隋炀帝和琼花的故事，但却是直到几年前，才真个见了琼花——此琼花，也许并非隋炀帝要看的彼琼花，只是如今的中文正式名叫作琼花。即便如此，我与它也相见甚晚。某个春日，在北京语言大学里游荡，忽而见到两株植物，白飞碟一般的花序，一只一只，顶在枝头，看标牌，才知道就是琼花了。从前我多少有些疑惑：琼花极负盛名，所谓天下无双，那花果真有这般魅力吗？直到见了实物，我想，在我心里头，虽然算不得一品，但也可以理解古人对它的喜爱。

有一次和朋友闲聊，他问，何以古人推崇的琼花，如今栽种并不多呢？我说，大概是琼花和“穷花”谐音，不吉利？这却是胡批乱讲了，但曾经在台湾听说过，人们不会站在“九芎”树下，因为“芎”字被俗读作“穷”。然而仔细想来，我猜，莫不是因为春日里繁花争艳，粉者如霞，白者胜雪，人们看了大半个春季，早已审美疲劳，所以对于琼花，多一株不多，少一株却也不嫌少了呢？

一直想要春日去扬州，说了许多年，规划了许多年，竟总未能成行。如今心性也慵懒起来，不提扬州也罢，故而终于没能跑去后土庙看看那最知名的琼花。今春为了琼花文章的配图，我在京城各地寻觅，终于在教学植物园见了一丛硕壮的琼花。只是，那花的枝叶繁茂，却总觉得有些杂乱，花开得确然冰清玉洁，宛如幽蝶团聚，但我的心思，却如掠动花枝摇曳的春风一般，无法沉静，无法淡然地去观赏这花。大约，燕京略带尘沙的东风，总不及南国风柔雨黏的细腻，琼花之赏，还是要去更温润的地方，才能体味其中的妙处吧。

花 · 史话
History

琼花之名实，自古众说纷纭，莫衷一是，玉蕊、山矾、聚八仙，皆曾为琼花别名。实则琼花之说，自北宋始。〔宋〕王禹偁《后土庙琼花诗》诗序云："扬州后土庙有花一株，洁白可爱，且其树大而花繁，不知实何木也，俗谓之琼花，因赋诗以状其态。"其诗句曰："谁移琪树下仙乡，二月轻冰八月霜。若使寿阳公主在，自当羞见落梅妆。"后人以此为琼花之名初见，当以其花色白而质若美琼，故名。

然则此花前人原本唤作玉蕊，盛名远播，以长安唐昌观所植为最。〔宋〕周必大《唐昌玉蕊辨证》言玉蕊道："条蔓如荼蘼，冬凋春茂，柘叶紫茎。玉蕊花苞初甚微，经月渐大，暮春方八出，须如冰丝，上缀金粟，花心复有碧筒，状类胆瓶，其中别抽一英出众须上，散为十余蕊，犹刻玉然。"其形与琼花相类。〔宋〕王楙《野客丛书》考辨则言，玉蕊即是琼花。又〔宋〕黄庭坚以为玉蕊即山矾，后人又以为琼花山矾一物，谬也。

琼花色质如玉，形又若蝶，翩翩团聚，若雪霜满枝。〔宋〕刘克庄《昭君怨》词曰："后土宫中标韵，天上人间一本。道号玉真妃，字琼姬。我与花曾半面，流落天涯重见。莫把玉箫吹，怕惊飞。"〔宋〕张翊《花经》列之作"二品八命"，可谓名花。

相传琼花唯扬州后土庙中所植为正，余者皆非，乃有隋炀帝为看琼花，下得江南，劳民伤财，天怒人怨，致大隋亡国之说。此虽后世杜撰，然流传甚广，故〔清〕孔尚任《琼花观》诗云："琼花妖孽花，扬州缘此贵。花死隋宫灭，看花真无谓。"

〔宋〕张璪《琼花》诗曰："此花已去不须嗟，亡国亡家总为他。父老不知前日事，逢人口口道琼花。"岂知一语成谶。金人南掠，掘扬州后土庙琼花而去，花去不可复得，道人以"聚八仙"花补栽，而后世人无计睹琼花芳颜，乃至渐将聚八仙传为琼花。〔宋〕郑少魏、姚一谦《广陵志》有二者之辨："八仙花虽类琼花，而琼花之香，如莲花可爱，虽剪折之余，韵亦不减，此八仙之所无也。"今人以绣球荚蒾为聚八仙，以其变种为琼花，古人之说种种，岂依此而尽得之乎？

花·今夕
Nowadays

古之琼花，或曰即今之荚蒾之属也，竟为何种，古今多争议，终莫衷一是。今亦有名琼花者，其学名曰 *Viburnum macrocephalum* f. *keteleeri*，乃绣球荚蒾之变型。其株为灌木，叶长圆，花聚作圆盘状，生诸枝端。其花色白，居圆盘之外侧者若粉蝶，瓣常五数，无蕊，华而不实，居圆盘之内侧者甚小，瓣蕊俱全。此花野生于华中、华东，他地亦有栽植者，华于仲春，没于季春。

［谷雨一候］

牡丹

花开时节动京城

若说是否喜爱牡丹，许多年来，我的答案一直是：喜欢不来。也并非有多厌恶，只是喜欢不来，觉得那花开得太繁闹，虽则艳丽，却失雅致，仿佛街边招摇扭捏着花枝招展的街舞大妈，锣鼓喧天，光鲜坠地，然而一旦看过，转过身去，留下的只有喧嚣的残痕。总之，我是欣赏不来牡丹花，所以每每春日，几大公园的牡丹花展，我也从未想要去看。小时候去过，长大以后，偶尔也陪别人去过，却从未有自己去看看的想法。

记得小时候，有一阵子《聊斋》电视剧热播。似乎是在那电视剧里，有白牡丹的故事，原本也并非什么恐怖片，但反正我觉得白牡丹忽而化作幽灵一般，成了人形，心里是很害怕的。特别是当深夜里头，转头看到窗外，有摇曳的树枝投下黑影，我总想起白牡丹。于是有一阵子，我害怕看到牡丹花。幸而这恐惧消散得快，最终只留下模糊而浅淡的记忆罢了。

直到三年前，在西藏林芝，见了野生的大花黄牡丹，我才终于对牡丹另眼看待——生长于山林之间的大花黄牡丹，带着雅鲁藏布大峡谷所赋予的天然狂野。虽然只是牡丹的近亲，我想，那些被人豢养得雍容富贵的花，或许在久远的曾经，也是怀有野性的吧。自那之后，我也开始留意牡丹花的各个品种。虽依然不是那么热衷，但也不至于敬而远之了。大约是年纪渐渐增长，对于花卉的审美，也随之改变了吧。

我家楼后有一户人家，喜爱栽种牡丹，春日里总有十几株，或是植于公共绿地的角落，或是栽在花盆里。每到春光旖旎的时节，那些牡丹总能博得邻居们的夸赞。彼时女儿还小，坐在小推车上，我们也去看牡丹。其中有红褐色花的品种，花瓣没有那么冗余，我倒是有些喜爱。然而女儿见了，就撇着嘴，仿佛要哭起来。她是有些害怕这墨色牡丹的。至于粉色或者紫红色的肥硕牡丹，她是很喜爱的。这莫不是人类审美的天性不成？我反思了几日，后来恰在别处，遇到了传统的牡丹品种“洛阳红”，紫红色，重瓣，有清香，看着看着，觉得：咦？好像是有点好看的样子呀？

牡丹之名，依〔明〕李时珍之言："牡丹以色丹者为上，虽结子，而根上生苗，故谓之牡丹。唐人谓之木芍药，以其花似芍药而宿干似木也。群花品中，以牡丹第一，芍药第二，故世谓牡丹为花王，芍药为花相。"牡者，畜父也，根生苗若得诸于父，乃有此名。〔明〕王象晋《群芳谱》曰："牡丹，一名鹿韭，一名鼠姑，一名百两金，一名木芍药。秦汉以前无考，自谢康乐始言。"传〔晋〕谢灵运曾言："永嘉水际竹间多牡丹。"始有牡丹之名也。

〔宋〕欧阳修《洛阳牡丹记》载："牡丹初不载文字，唯以药载本草，然于花中不为高第。大抵丹延已西及褒斜道中尤多，与荆棘无异。土人皆取以为薪。自唐则天已后，洛阳牡丹始盛，然未闻有以名著者。"〔宋〕郑樵《通志略》则言："芍药着于三代之际，风雅所流咏也，今人贵牡丹而贱芍药，不知牡丹初无名，依芍药得名，故其初曰木芍药，亦如木芙蓉之依芙蓉以为名也，牡丹晚出，唐始有闻，贵游竞趋，遂使芍药为落谱衰宗云。"依此意则世人初不识牡丹，以为芍药之属，后乃知与芍药有别，至唐而盛，反以牡丹为王，芍药次之。

〔唐〕刘禹锡《赏牡丹》诗云："庭前芍药妖无格，池上芙蕖净少情。唯有牡丹真国色，花开时节动京城。"后人常以此诗句赞颂牡丹。又〔唐〕李浚《松窗杂录》有记：明皇内殿赏牡丹，问侍臣曰，牡丹诗谁为首？奏云中书舍人李正封，其诗云"国色朝酣酒，天香夜染衣"。帝谓杨贵妃曰："妆台前饮一紫金盏酒，则正封之诗可见矣。"由此牡丹遂有"国色天香"之称。〔宋〕辛弃疾《鹧鸪天》词乃有句言此曰："天香夜染衣犹湿，国色朝酣酒未苏。"〔宋〕张翊《花经》列牡丹作"一品九命"，其格最高。

欧阳修记曰，彼时牡丹凡九十余种，亲见者三十许种，以姚黄为第一。姚黄者，千叶黄花出于民姚氏家，不甚多，一岁不过数朵。又有魏家花者，千叶，肉红花，出于魏相仁溥家，后世亦曰魏紫。〔宋〕钱惟演尝曰：“人谓牡丹花王，今姚黄真可为王，而魏花乃后也。”至〔明〕薛凤翔《亳州牡丹史》，则记有牡丹品名二百六十余种，分作神品、名品、灵品、逸品、能品、具品诸类，非只姚魏数种也。盖以明人爱花，与唐人类同，喜硕大重瓣千叶者。宋人则爱花之品格，以清香奇绝者为佳。唯牡丹花开甚巨，而又有香，故自唐以降，历代皆爱之，至今犹不绝。正合〔宋〕周敦颐之言：“牡丹之爱，宜乎众矣。”

花·今夕

Nowadays

古之牡丹，即今之牡丹，其学名曰*Paeonia suffruticosa*。其株为灌木，叶作二回三出之状，小叶常裂作二三之数，其花独生枝顶，或单瓣，或重瓣，其色或粉，或白，或紫红，乃至正红、暗红、鹅黄诸色，皆怀清芬，花心雄蕊纤若游丝，作红白之色，其数甚众，雌蕊如角状，重瓣者或可见蕊，或不见蕊，不一而足。此花今不见野生，各地多见栽植，仲春始华。

牡丹诸类，古有“姚黄”“魏紫”之流，今所见者，多为园艺品种是也，依其花型有别，或可分作单瓣型、荷花型、菊花型、蔷薇型、托桂型、金环型、皇冠型、绣球型、台阁型，或曰更有他类，不能尽述。亦有紫斑类，花色或淡粉，或白，或紫红，其瓣基部皆具大斑一块，色深紫，兀自不凡。又有色黄者数种，曰海黄，曰金阁，曰金晃，乃至诸品。又有名“伊藤牡丹”者，统称也，品类甚繁，乃牡丹、芍药杂交而成，皆花之新贵，东洋、西洋并爱。

荼蘼

［谷雨二候］

肌肤冰雪薰沈水

其实我原本并不知道何为荼蘼，却在心里悄然生出一些厌烦。记得有一阵子，大约是我大学刚刚毕业前后吧，荼蘼不知何故，一下子风行起来，无论印刷出来的文字，还是在网络上，仿佛这一词汇成了文艺青年们的象征。动辄开口荼蘼，闭口荼蘼，看得多了，我当然感觉不自在起来。荼蘼究竟为何物呢？

不去想还好，一旦想去了解荼蘼，才发现竟然不知道应当指向哪种植物。于是我更加烦躁了：你们明明连荼蘼是什么都不清楚，却一个个好似荼蘼的亲密朋友。幸而荼蘼之风，终于渐渐消散了，仿佛那个时代里的流行词汇，莫名而迅速地兴起，然后莫名而迅速地消亡。只是我始终不知道荼蘼究竟是哪一种植物。网络上也看到一些争论，只觉得那些疑似荼蘼的种类，都不甚美观，古人何以为之倾倒呢？

直到两年前，我和友人同去北京南郊的古老月季文化园，那里面的展板之中，竟有一幅专门在讨论古时的荼蘼，结论便是荼蘼应是如今的大花白木香。"好像能确定栽种大花白木香的地方，只有杭州植物园啊！"友人对我说道。然而继续在园子里拍照，我们忽而见到了一种"不甚常见"的蔷薇——三小叶，花重瓣，白色，这不就是一直挂在嘴边的大花白木香吗？只可惜植株还较细弱，大约是栽种的年份不足吧，然而古人描绘的荼蘼花的意境，已然可以看出几分了。

后来才知道，其实一些苗圃是有大花白木香的，甚至通过网络就能买到。这个蔷薇属的栽培品种，也从来没有退出历史舞台，在国外的园林中甚至反而比国内更常见些。所谓的荼蘼，是不是确然就是大花白木香呢？或许，真相终究已经湮灭在历史长河之中，无从追寻了。至于古人尽情赞美的荼蘼，到底是否名副其实呢？我想，审美这件事，大概难以评判吧。我自己是先入为主之故，还是不怎么喜爱荼蘼的。

荼蘼之名，始作酴醿，亦写作酴醾、酴醿。酴醿初非花也，乃酒名也，〔汉〕许慎《说文解字》释“酴”字曰“酒母也”，其意可知。〔宋〕谢维新《古今合璧事类备要》引〔唐〕卢言《卢氏杂记》之说：“酴醿酒，寒食内宴宰相赐。”赐近臣之酒，乃用酴醿二字。后因花色与酒似，故以其名言花也。〔宋〕陈景沂《全芳备祖》集前人之言，记曰：“酴醿本作稌縻，后加酉。”又言：“唐寒食宴，宰相用酴醿酒。酴醿本酒名，世以所开花颜色似之，故取为名。”

然自宋时始，新有酴醿酒，竟以酴醿花为酿。〔宋〕朱肱《酒经》记：“酴醿酒，七分开酴醿，摘取头子，去青萼，用沸汤绰过，纽干，浸法酒一升，经宿漉去花头，匀入九升酒内，此洛中法。”由此之故，亦有人言酒色似荼蘼花，乃以花名冠酒，本末倒置矣。以此花作酒，原非佳酿，唯徒具花香。若〔宋〕庞元英《文昌杂录》中载：“礼部王员外言，京师贵家，多以酴醿渍酒，独有芬香而已。”

荼蘼花色白，而带清香，自宋时起始被赞为清雅高洁之花，多为人所爱。〔宋〕韩维《酴醿》有诗句言：“平生为爱此香浓，仰面常迎落架风。”〔宋〕黄庭坚《观王主簿家酴醾》诗道：“肌肤冰雪薰沈水，百草千花莫比芳。露湿何郎试汤饼，日烘荀令炷炉香。”故而〔宋〕张翊《花经》列之作“一品九命”，花之最上品也。

因花白胜雪，似美人冰肌，荼蘼亦被喻作仙子及绝世佳人。〔宋〕朱淑真《咏酴醿》诗言：“花神未许春归去，故遣仙姿殿众芳。白玉体轻蟾魄莹，素纱囊薄麝脐香。梦思洛浦婵娟态，愁记瑶台淡净妆。勾引诗人清绝处，一枝和雨在东墙。”〔宋〕卢元赞《酴醿》诗句曰：“姑射真人玉骨香，淡月微风惜良夜。”

荼蘼花开时，已至春末。〔明〕高濂《草花谱》记："荼蘼花，大朵，色白，千瓣而香，枝根多刺。诗云，开到荼蘼花事尽，为当春尽时开耳。"其诗实为〔宋〕王淇《暮春游小园》之句："开到荼蘼花事了，丝丝天棘出莓墙。"其花落时，东风归去，惹人愁思，更添文人于荼蘼之眷恋，以为寂寞孤高，乃不吝溢美之词。〔宋〕刘攽《酴醾》道："明红暗紫竞芳菲，送尽东风不自知。占得余香慰愁眼，百花无得似酴醾。"

唯荼蘼竟为何花，古今莫衷一是。自宋以降，或言荼蘼色白，或曰其色淡黄。如〔清〕汪灏《广群芳谱》引前人言："以酒号酴醾，花色似之，遂复从酉，则花作白色似无可疑矣。"〔明〕王象晋《群芳谱》则载："酴醾，一名独步春，一名百宜枝杖，一名琼绶带，一名雪缨络，一名沉香蜜友。藤身，灌生，青茎多刺，一颖三叶如品字形，面光绿，背翠色，多缺刻，花青跗红萼，及开时变白带浅碧，大朵千瓣，香微而清，盘作高架，二三月间烂熳可观，盛开时折置书册中，冬取插鬓，犹有余香，本名荼蘼，一种色黄似酒，故加酉字。"道荼蘼别有一种色黄。

〔宋〕张邦基《墨庄漫录》言："酴醾花或作荼蘼，一名木香，有二品：一种花大而棘长条，而紫心者为酴醾；一品花小而繁，小枝而檀心者为木香。

题咏者多。”木香花有黄白二类，而古人多有荼蘼、木香竟不能分者。度宋时言荼蘼，或指木香，黄者更非他物，应作黄木香是也。然以宋人之赞，当以白者为正。而明清两代，乃至今人，唯知荼蘼为蔷薇之属。今有大花白木香，非木香也，木香花、黄木香花皆乃别种，此大花白木香疑是木香花与金樱子杂交而来。以其叶三出，花大千瓣，独缀枝头，又颇盛行，并考古人图本画作，当尊此大花白木香为古之荼蘼正品。

花・今夕
Nowadays

古之荼蘼，一作酴醾，所指何物，众说纷纭，或曰即今之悬钩子蔷薇，或曰重瓣空心泡，或曰重瓣黄木香，乃至香水月季诸类云云。依诸古籍所载，考其文，度其意，观其图，辨其形，则古人言荼蘼者，或最类今之大花白木香，其学名曰 *Rosa fortuneana*，其株为藤本，木质，约略具刺，凡一叶皆具三枚小叶，似月季而狭。其花未绽时，常具三蕾，比及盛放，往往二蕾委顿，一蕾独荣，其色白，重瓣如球，蕊深藏不见。此花初乃杂交而来，古人甚爱，盛行一时，今中土偶见栽植，西洋反常见于园中矣，华于孟春。

〔谷雨三候〕

楝花

细红如雪点平沙

初读大学时，我便已听闻，与校园隔一条马路，附中里头有一株颇为知名的苦楝树。因与“苦恋”谐音，传言那树下的恋情必定无疾而终。从前我并不知晓楝树，自然也未曾见过楝花，偏偏又因这树的名字不甚美妙，我便一直不曾前往观看。刚刚买了数码相机那一年，疯狂地拍照，实则已经拍过了楝花，彼时不识得，所以毫无记忆。过了四五年，在华中见了楝树，才觉得，这花似曾相识。

六年前去尼泊尔，在帕坦博物馆的后院，有新的楝花和旧的楝实，一同随着风，纷纷跌落。院里悄然无人，忽而觉得，那些飞扬的细碎花朵，别有风味，于是瞬间喜爱上了楝花。而后在台中，见了成排的楝树，花开满枝，路的另一侧，则是成排的台湾相思——听说是刻意将“苦恋”和“相思”一起栽种的。还有说法是，路的两侧，相思和苦楝，那么路的尽头，则要栽种合欢。

又过得数年，我才知道大学校园里就有楝树，就在彼时我们经常游荡的园子里。那园子稍显荒野，草木葱郁，鸟语虫鸣，恍若喧嚣城市里的恬然方舟。原来我们一直在苦楝树的荫庇之下，只是不能自觉罢了。那些诞生于校园里的旖旎情愫，消散得迅猛而炙烈，如今总算为这些年轻时的愁绪，找到了可以责怪的根源。那是在深秋，我去树下，拍楝果，校园早已物是人非，只有这树，依然硕大，沉静着冷眼观看发生于校园内的雷同剧情。

花·史话
History

楝花之名，源于楝树。〔宋〕罗愿《尔雅翼》言楝树曰：“可以练，故名楝。”按〔汉〕许慎《说文解字》之言：“练，湅缯也。”亦即浣洗衣物之意。〔晋〕郭璞为《山海经》作注云：“楝，木名，子如脂，头白而黏，可以浣衣也。”楝树之实，可以浣衣，树以此名，楝花即其花也。其实味苦，名苦楝子，故而民间又称其花曰苦楝花。

《尔雅翼》更记之云：“楝木，高丈余数，叶密如槐而尖，三四月开花，红紫色，芬香满庭。其实如小铃，至熟则黄，俗谓之苦楝子，亦曰金铃子。”〔明〕高濂《草花谱》曰：“苦楝发花如海棠，一蓓数朵，满树可观。”其花实则小而细碎，〔宋〕王安石《钟山晚步》诗言：“小雨轻风落楝花，细红如雪点平沙。”正得其意也。

传古有二十四番花信风，其说或始于宋，而详述于明：自小寒至谷雨，凡四月，八气二十四候，始梅花，终楝花。楝花过则立夏矣，春光穷尽，故文人以楝花寄托伤春情绪。〔宋〕董嗣杲《楝花》诗曰：“吹将二十四番愁，锦样群芳逐急流。风信到花春自往，霜华着子晚谁收。树攒密萼屯阴重，瓣落高枝缀藓稠。霞外曾传香醉咏，莺莺未啭舌应

柔。”又〔清〕柳如是《奉和陌上花》诗句言：“陌上花开花信稀，楝花风暖飏罗衣。”

楝花虽非名花之属，然春尽之日点缀枝头，有惜别之意，无悲戚之姿，故多为文人所赞。〔唐〕温庭筠《苦楝花》诗云：“院里莺歌歇，墙头蝶舞孤。天香薰羽葆，宫紫晕流苏。晻暖迷青琐，氤氲向画图。只应春惜别，留与博山炉。”

况楝叶有杀虫除祟之效，则花亦非俗物也。〔南朝梁〕吴均《续齐谐记》言：屈原投汨罗而死，楚人哀之，五月五日乃投米以祭，或曰见一人自称三闾大夫，道祭为蛟龙所窃，当取楝叶塞竹筒之口，缚以五色丝，后世乃呼之曰粽。〔宋〕唐慎微《证类本草》引〔南朝梁〕陶弘景之言：“俗人五月五日皆取叶佩之，云辟恶。”

花·今夕
Nowadays

古之楝花，今谓之楝，其学名曰*Melia azedarach*，楝花乃其花也。其株为乔木，叶作羽状，二三回，小叶奇数，花聚作圆锥状，支梭疏散成束，凡一束则生诸叶腋。其花色紫白，略含清芬，花瓣五数，花蕊合生作筒状。此花自中原乃至以南诸地皆有，野生于旷野山林，亦常见栽植，始华于仲春，而盛于孟春。

［立夏一候］

蔷薇

满阶狼藉没多红

小时候我曾偷偷摘过蔷薇花，装在小瓶子里，封紧了盖子，以为可以制作蔷薇蜜露。直到那瓶子里的花，渐渐腐朽，散发出糜烂的臭味，我才将瓶子与烂花一起扔掉，也丢弃了关于蔷薇的些许遐想。彼时小区里有不少人家都栽种蔷薇，爬在院子的篱笆上，枝叶浓密，刺也生得犀利，让人敬而远之。唯独花开时，粉霞团聚，甚是美艳。

读大学时，听说这些城市里栽种的蔷薇都叫“七姊妹”，是野蔷薇的变种。我也不去管它是什么种类，反正每到初夏时分，总能见到。后来又看到资料，称这些蔷薇的名字，长久地被误称了，实则应当叫作“浓

香粉团蔷薇”。好吧，无论叫什么名字，它们总归是我熟悉的那些花。

此后几年里头，我在各地见了许多野生蔷薇，比及栽种的种类，自有一番不羁的野性。至于那些城市里栽种的蔷薇，喜爱自还是喜爱，却也哀叹这花，仅仅开得一季，便凋枯尽落。我家隔壁的老大爷，有一次问我道：“你这栽的是月季还是蔷薇啊？”我一愣神，没听懂他的发问，因我原本以为，月季、蔷薇、玫瑰其实从大类而言，并无区别。后来才明白，老大爷所谓的，是民间朴素的区分方法：月季常年开花，蔷薇仅开一季。

往往春日里出差，离开十余日，临行时，蔷薇未绽，待到归来，花已开得残破了，如褪色的绢纸一般，失了灵性。前几年京城物候总是拖沓，花开得晚，立夏时节，蔷薇方才开放。我自某座大学的墙外走过，一片蔷薇，恰似墙内的少年们，那些关乎夏意的热忱，关乎起始，关乎离别，芳心满溢，如火如荼。我想悄然对它们说，蔷薇花，开得并不长久，我想它们会回答我，它们并不在乎。

蔷薇之名，初作蔷蘼。〔明〕李时珍言："此草蔓柔靡，依墙援而生，故名墙蘼。其茎多棘刺勒人，牛喜食之，故有山刺、牛勒诸名。其子成簇而生，如营星然，故谓之营实。"又营实一作萤实。〔明〕徐光启《农政全书》又称之作刺蘼，以枝茎多刺之故也。后墙蘼音转作墙薇，又写作蔷薇。

〔明〕王象晋《群芳谱》引〔元〕无名氏《贾氏说林》之说："武帝与丽娟看花时，蔷薇始开，态若含笑，帝曰，此花绝胜佳人笑也。丽娟戏曰，笑可买乎。帝曰，可。丽娟遂取黄金百斤，作买笑钱奉帝，为一日之欢。蔷薇名买笑，自丽娟始。"

唐人即爱蔷薇，以其清香四溢，常作诗文赞之。〔唐〕高骈《山亭夏日》诗曰："绿树阴浓夏日长，楼台倒影入池塘。水精帘动微风起，满架蔷薇一院香。"比及两宋，以蔷薇虽香而枝条柔曼，色又嫌妩媚，故视其作娇艳轻浮之花，品格不甚高。〔宋〕张翊《花经》列之为"七品三命"。其花常以女子风姿入诗文，〔宋〕李廷忠《生查子》词咏蔷薇曰："玉女翠帷熏，香粉开妆面。不是占春迟，羞被群花见。纤手折柔条，绛雪飞千片。流入紫金卮，未许停歌扇。"

春末蔷薇始开，入夏花渐凋落，有留春不住之意。故而〔宋〕黄庭坚《清平乐》词言："春无踪迹谁知？除非问取黄鹂。百啭无人能解，因风飞过蔷薇。"又文人以蔷薇落红，喻家国欲坠，风雨飘摇。〔唐〕陆龟蒙《重题蔷薇》诗曰："秾华自古不得久，况是倚春春已空。更被夜来风雨恶，满阶狼藉没多红。"

至明清时，世人不以蔷薇棘蘼多刺而恶之，反爱花艳香浓，又得蔷薇数般品种。《群芳谱》记蔷薇诸品：花单而白者更香，结子名营实，堪入药；朱千蔷薇，赤色多叶，花大叶粗，最先开；荷花蔷薇，千叶花红，状似荷花；刺梅堆，千叶，色大红，如刺绣所成，开最后；五色蔷

薇，花亦多叶而小，一枝五六朵，有深红浅红之别；黄蔷薇，色蜜花大，韵雅态娇，紫茎修条，繁颗可爱，蔷薇上品也；淡黄蔷薇、鹅黄蔷薇，易盛难久；白蔷薇，类玫瑰；粉团，其色粉红，开时连春接夏，清馥可人，结屏甚佳；野蔷薇，号野客，雪白粉红，香更郁烈；其他又有宝相、金钵盂、佛见笑、七姊妹、十姊妹，体态相类；月桂，花应月圆缺。

盖锦被堆、佛见笑之类，唐宋已有之，初为蔷薇别名。故〔宋〕韩琦《锦被堆》（一说王义山作，一说魏野作）诗中有句："碎剪红绡间绿丛，风流疑在列仙宫。"〔宋〕王十朋《佛见笑》诗有言："学得酴醿白，更能相继芳。"乃知锦被堆色红而千叶，佛见笑色白。今蔷薇有七姊妹、粉团、白玉堂诸品，其粉团依古意，白玉堂之说清时始见，呼为白玉棠，或曰即佛见笑也。至于七姊妹、十姊妹者，〔明〕高濂《草花谱》有言："十姊妹，花小而一蓓十花，故名。其色自一蓓中，分红、紫、白、淡紫四色，或云色因开久而变，有七朵一蓓者名七姊妹，云花甚可观，开在春尽。"〔清〕李渔《闲情偶寄》亦言："一蓓七花者曰七姊妹，一蓓十花者曰十姊妹。观其浅深红白，确有兄长娣幼之分。"

花·今夕
Nowadays

古之蔷薇，泛指数种，以物种论，皆为今之蔷薇之属也，当以野蔷薇及其变种、品种为正。今之野蔷薇，其学名曰 *Rosa multiflora*，其株为灌木，常攀缘似藤状，茎多生刺，叶作羽状，小叶奇数，花数朵聚作圆锥状，生诸枝端，其花色白，花瓣五数。此花南北皆栽植，华于孟春，入夏不绝。

又有野蔷薇之变种、品种诸类，亦古人所言之蔷薇，今甚常见。其一曰浓香粉团蔷薇，旧误作"七姊妹"，花色紫红，重瓣，颇具香气；其一曰变色粉团蔷薇，花初绽其色紫红，渐作淡粉，再作白，重瓣，约略有香气；其一曰粉团蔷薇，花色紫红，单瓣；其一曰白玉堂，色白，重瓣。

杜鹃

〔立夏二候〕

猩猩血染赭罗巾

从前我所见的杜鹃花，都是杂交而来的盆栽，矮矮的，委身于花盆里，花瓣凌乱，颜色又鲜艳得俗气，全然看不出美妙。因而小时候的我，并不喜爱杜鹃花。直到读大学时，跑去大别山，才第一次见了野生的杜鹃花，细看之下，喇叭状的花冠精致而骄傲，隔林远望，艳红的花枝宛如一抹愤怒的火焰。我想，那也许才是杜鹃花原本应有的姿态。

尔后的因缘，则是我跑去西南高原，从川西、横断山到青藏，见了太多野生的杜鹃花。固然并非古人歌颂的种类，却不妨碍我对这一类群的热爱。回头再看花盆里栽的杂交种类，依然喜欢不来。总觉得那些花树，理应生于山林之间才对。在东北、华北直至华南，也有不同种类的野生杜鹃花，每每在山中遇到，都会折服于它们那看似纤弱实则倔强的秀丽风韵。

然而美妙的杜鹃花却有毒性，观赏自然无碍，却切不可放在嘴里嚼而吞之。华北山间最常见的野生杜鹃种类，叫作迎红杜鹃，听闻有一群徒步穿越爱好者，其中一名男士，因摘了迎红杜鹃的花吃下，急性腹痛，被抬下山送去急诊。然而在雅鲁藏布大峡谷时，我看到樱花杜鹃，红灿灿的花朵，内有五个蜜腺，野蜂嘤嘤嗡嗡，采蜜不停。忽而我脑袋一热，竟去舔了那蜜腺，甜的。然后才想起杜鹃花大都有毒，心中甚是不安，幸而至今仍未毒发，颇有劫后余生的感慨。

近两三年，忽而在花市上见到杜鹃花的切花。后来知晓应是兴安杜鹃。网络上曾有过一阵子抵制，因着兴安杜鹃作为切花，泡水开花，一季而已，但花枝却生长得缓慢，大肆廉价贩售者，多是去林间直接砍来的。自有反驳者说，花是自己栽的，但我想，极便宜的切花，若自己栽种，必然得不偿失，我又最终未见那号称自己栽种的萌芽、苗圃自证的照片，所以自不相信。岂料就在数日之前，又见了西南观赏杜鹃的游客，砍下粗硕的枝条，车载回城，或者就地烧了烤肉，这不啻于煮鹤焚琴吧。倘若杜鹃花真个寄宿了生灵的泣血，我想，从花市到游园会，这数般劫数，足够凝集成一汪血池了。心里头，终究还是为此而哀恸。

花·史话
History

杜鹃花之名，因鸟而来。亦有鸟名杜鹃，〔明〕朱国祯《涌幢小品》记曰："杜鹃花，以三月杜鹃鸣时开。"故花随鸟名。相传古蜀杜宇，号望帝，亡后化而为鸟，即杜鹃也，悲愤啼鸣；口中滴血，化而为花，即杜鹃花。杜宇事载于〔汉〕扬雄《蜀王本纪》，未言啼血化花之说。度后人以杜鹃花色似血，乃附会如此，诞不足信，然古时文人多依此作杜鹃花诗文。〔南唐〕成彦雄《杜鹃花》诗有句曰："杜鹃花与鸟，怨艳两何赊。疑是口中血，滴成枝上花。"

〔宋〕阮阅《诗话总龟》录有杜鹃花事："映山红，生于山坡欹侧之地，高不过五七尺，花繁而红，辉映山林，开时杜鹃始啼，又名杜鹃花。"因花色红，一名红踯躅，又名山踯躅。〔明〕李时珍言山踯躅曰："二月始开，花如羊踯躅，而蒂如石榴，花有红者、紫者、五出者、千叶者，小儿食其花，味酸无毒。

一名红踯躅，一名山石榴，一名映山红，一名杜鹃花。其色黄者即有毒，羊踯躅也。”以杜鹃花形似羊踯躅，生山间且色红，故有此名。按羊踯躅亦杜鹃花之属，色黄。〔晋〕崔豹《古今注》曰：“羊踯躅，黄花，羊食即死，见即踯躅不前进。”故杜鹃花之属皆名踯躅，紫花者曰紫踯躅。若〔唐〕皇甫松《天仙子》词句：“踯躅花开红照水，鹧鸪飞绕青山嘴。”杜鹃花灿灿之貌也。

杜鹃花有啼血之哀，可寄羁旅倦客思乡之情。〔宋〕杨巽斋《杜鹃花》诗曰：“鲜红滴滴映霞明，尽是冤禽血染成。羁客有家归未得，对花无语两含情。”又〔宋〕杨万里《晓行道旁杜鹃花》诗云：“泣露啼红作麽生，开时偏值杜鹃声。杜鹃口血能多少，不是征人泪滴成。”或曰杜宇禅让归去，心有遗恨，故以杜鹃花言亡国之恨。〔宋〕真山民《杜鹃花》诗道：“秋锁巴云往事空，只将遗恨寄芳丛。归心千古终难白，啼血万山多是红。枝带翠烟深夜月，魂飞锦水旧东风。至今染出怀乡恨，长挂行人望眼中。”此南宋遗民，以杜宇故事寓赵宋之殇。

杜鹃花之赏，唯占一红字。〔唐〕孟郊《酬郑毗踯躅咏》诗句言：“迸火烧闲地，红星堕青天。忽惊物表物，嘉客为留连。”又〔宋〕辛弃疾《定风波·杜鹃花》词道：“一似蜀宫当日女，无数，猩猩血染赭罗巾。”此花虽有芳容，无非山花野趣而已。〔宋〕刘敞《杜鹃花》诗云：“嫩红轻紫仙姿贵，合是山中寂寞开。九陌风尘肯相顾，可怜空使下山来。”〔宋〕张翊《花经》列之作“八品二命”。

花·今夕
Nowadays

古之杜鹃，一作杜鹃花，又名踯躅，或特指今之映山红，或泛指杜鹃花之属诸类。今所言映山红者，其正名呼作“杜鹃”，其学名曰 *Rhododendron simsii*。其株为灌木，叶卵状，略迟于花而出，花常二三之数簇生枝顶。其花色或红，或玫红，或暗红，花形若漏斗，先端裂作五数，内有红斑。此花自中原至南方皆有野生，见诸山林间，始华于仲春，而没于初夏。

又今之数种杜鹃花，乃至杂交品种，亦可统称为杜鹃、踯躅，或野生，或栽植，南北皆可赏。

芍药

【立夏三候】

朱栏红药自为春

若将芍药和牡丹相比，我定是更喜爱芍药的。小时候所见的芍药，大都是单瓣的品种，不若牡丹那样繁缛累赘，故而我认定了芍药好过牡丹，喜爱那种单薄的娇艳。然而，我却总难看到芍药，小区里的种花人，栽植的大都是牡丹，直到读大学那几年，才在楼群之间，见过些芍药。或许是因牡丹更为名贵之故吧，甚至连花卉市场上贩卖的鲜切花，也把重瓣的芍药品种，硬是说成牡丹。

读大学时，因有教育学的课程实习，我跑去某中学做实习教师。恰好有一节课，要为初一年级的实验班讲解习题。那习题里头，有一道选择题，说的是以下非草本植物的是哪个。选项有牡丹，有芍药。我便和学生们说，芍药二字，都有草字头，所以地上部分是草本，容易记忆。顺便也讲了牡丹和芍药的区分：地上部分木质是牡丹，草质是芍药；通常小叶大多分裂的是牡丹，不裂者居多的是芍药。“你们看看家里的勺子，谁家勺子裂个缺口？所以不裂的才是‘芍’。”话是这么说的，当然叉勺不算在内。

实则芍药也有诸般品种，也有小叶不那么规整的，姑且不去管它了。也有开花重瓣繁复的，我便当那是芍药的另类就好。直到在山野之间，见到野生的芍药，我才惊叹于那花的野性与活力。恣意炫耀，愤怒盛开，招蜂引蝶，恍若天人。仿佛诸般不相匹配的性格，恰又完美地集于一身。当初韩愈的《芍药歌》，自称“楚狂小子”，而后王十朋《点绛唇》词里则写：“青春去，花间歌舞，学个狂韩愈。”我想，在山野之间张扬的野生芍药，才真个有了一点“狂”的味道。

实则自河北围场向内蒙古而去的一路上，林间草地与山谷中，野生的芍药花并不少见，只大多都是白色。那也足够了，在荒野中见到几朵硕大的白色花朵，震撼感要比花园里强得多。2018 年初夏，有朋友拍了照片问我，是不是芍药，我看，确然是野生的芍药，只是花枝被剪了，插在矿泉水瓶子里。“这边的小店里都摘，有的还摘好多！”朋友不开心地说。诚然，芍药因地上部分并非木质，今年摘下，明年还会长出。我也知晓那边采摘野花成风，但总盼着这些花，还是傲然地绽放于山野才好。

芍药之名，古人有两说。〔宋〕罗愿《尔雅翼》记之曰："其根可以和五脏，制食毒，古者有芍药之酱，合之于兰桂五味，以助诸食，因呼五味之和为芍药。"又以为马肝乃食之最毒者，以芍药调和，即可食用，故曰："制食之毒者，宜莫良于芍药，故独得药之名。"依此意则芍药源自"勺药"，其物本可为药，又具调和之效。勺意通妁，斟酌两性，调和阴阳之意。后以此为草类，故作芍药。

然〔明〕李时珍言，芍药以风姿得名，《本草纲目》记曰："芍药犹婥约也。婥约，美好貌。此草花容婥约，故以为名。"又言罗愿之说亦通。盖罗愿为先，时珍居后，且此草先秦即写作"勺药"，似依罗说为宜。又〔汉〕董仲舒称芍药一名"可离"。《诗经·郑风·溱洧》曰："维士与女，伊其相谑，赠之以勺药。"将离之时，赠之以芍药，其意乃相谑之后，欲使去尔。

〔宋〕郑樵《通志略》言："芍药著于三代之际，风雅所流咏也。"牡丹初以"木芍药"之名始为人知，后竟繁盛，世人以牡丹第一，芍药次之。〔宋〕王禹偁《芍药诗》序中有语："百花之中，其名最古。"〔宋〕韩琦《北第同赏芍药》诗句道："郑诗已取相酬赠，不见诸经载牡丹。"正言此意也。〔唐〕韩愈《芍药歌》有诗句曰："温馨熟美鲜香起，似笑无言习君子。霜刀剪汝天女劳，何事低头学桃李。"颇美誉此花，可谓芍药知己者也。然唐宋时，世人多爱牡丹，芍药逊之，〔宋〕张翊《花经》列芍药作"三品七命"，终不及牡丹。

芍药花盛于春尽之时，入夏仍娇，不若牡丹及一众春花，春过则萎。故而芍药乃有别名曰"婪尾春"。〔宋〕陶穀《清异录》记之："唐末文人谓芍药为婪尾春，盖婪尾酒乃最后之杯，芍药殿春，故名。"一说芍药应作夏花为宜。〔宋〕蔡襄《和运使学士芍药篇》诗句言："密叶阴沉夏景新，朱栏红药自为春。"

世之芍药，以扬州所产为最，盛名一如洛阳牡丹。〔宋〕张邦基《墨庄漫录》言：“扬州产芍药，其妙者不减于姚黄魏紫。”〔宋〕王观著有《扬州芍药谱》，后文人皆以维扬芍药入诗。其传诵最广者，有〔宋〕姜夔《扬州慢》之句：“二十四桥仍在，波心荡，冷月无声。念桥边红药，年年知为谁生。”又姜夔《侧犯·咏芍药》亦佳作，词云：“恨春易去。甚春却向扬州住。微雨。正茧栗梢头弄诗句。红桥二十四，总是行云处。无语。渐半脱宫衣笑相顾。金壶细叶，千朵围歌舞。谁念我、鬓成丝，来此共尊俎。后日西园，绿阴无数。寂寞刘郎，自修花谱。”

花·今夕
Nowadays

古之芍药，即今之芍药，其学名曰*Paeonia lactiflora*。其株为草本，地下根茎常木质，其叶三出，或一回，或二回，花或生枝顶，或生叶腋。其花色白，花瓣九至十数枚，近花心处间或具紫斑，雄蕊甚众，雌蕊如角状；至若栽植玩赏者，或复瓣，或重瓣，花色亦有紫红、淡粉、玫红诸类，或有蕊不可见者。此花野生于北方山坡林间，各地亦多栽植，华于孟夏。

月季

［小满一候］

四时长放浅深红

从小时候起，我就非常不喜欢月季花。彼时的月季，并非古人所谓的月季，但反正名叫月季就对了。一是因月季有刺，令人不得不心生畏惧；二是月季易生病虫，记得我总是见外婆为月季喷药，又听说，月季就是“药罐子”，当然喜欢不来。花开自也娇艳，但总觉还是绿色的枝叶更加显眼些。外婆种月季，还教我如何剪出斜面的刀口，如何浸泡生根，如何扦插，记得水里还加了少许阿司匹林来着。我却没有那般耐心，反正喜欢不来。

大学毕业那年我有了相机，开始拍植物的照片。北京的春季是最美好的季节，春花繁茂，彼此接连不绝。那时我将春日里开放的大红大紫的俗气花朵，统称为“大傻花”，而月季呢，就是“特傻花”。看不上月季，又添了一个原因，就是这花其实不易拍出美妙的照片，而许多年纪稍大的摄影爱好者们，却会为一朵月季，消磨大半天时光——又是去衬背景板，又是喷水，又是拿手电照亮。我是觉得，将植物当作静物来拍照，本就失却了自然摄影的精髓，故而很是看不上来着。也连带着更加看不上那些月季花。

然而对月季的偏见，忽而彻底转了弯。对于五年之前的我，大概是根本不曾料想得到的吧！有一年春日，不知何故，我对北京城里栽种的月季花的品种，产生了浓厚兴趣，想要弄清楚。岂料就此掉进了月季的大坑里。我国栽种的月季，园艺品种至少超过两千种，而一旦开始探究，便感觉到其中的美好：品种多样，花色、花形、气味、植株类型的多样性也十分丰富，归根结底，我大概是喜爱收集多样性颇高的东西吧。于是开始疯狂地拍月季，收集月季相关的书籍，自己也开始栽种起来。

也正是在此之后，我才得以知晓，古人所谓的月季，其实并非如今常见的“月季”——大多数栽种的月季，都可以算作“现代月季”，是经过杂交育种之后的品种了。中国古时的月季，是所谓的“老种”，最经典的叫作“月月红”。故而在编写本书时，说到月季的绘图，究竟画什么品种好呢？我说，应当画月月红啊！于是跑去植物园，寻找真正的月月红了。曾经嘲笑月季“特傻”，如今的我，却对“特傻”偏爱有加，究竟是谁傻呢？想着想着，我差点笑出了声。

月季花之名，因其花逐月开放，四季有花之故。〔明〕王象晋《群芳谱》言："逐月一开，四时不绝。"又记："月季花，一名长春花，一名月月红，一名斗雪红，一名胜春，一名瘦客。灌生，处处有，人家多栽插之。青茎长蔓，叶小于蔷薇，茎与叶俱有刺，花有红白及淡红三色，白者须植不见日处，见日则变而红。"〔明〕高濂《草花谱》言："俗名月月红，凡花开后，即去其蒂，勿令长大，则花随发无已。"

〔宋〕宋祁《月季花赞》曰："花亘四时，月一披秀，寒暑不改，似固常守。"又名月记、月贵。〔清〕屈大均《广东新语》言："月贵，有深浅红二色，花比木芙蓉差小，盖荼蘼之族也。月月开，故名月贵，一名月记。"因其花周年不绝，四时玩赏，故为人所爱。〔宋〕韩琦《东厅月季》诗道："牡丹殊绝委春风，露菊萧疏怨晚丛。何似此花荣艳足，四时长放浅深红。"

文人亦多将月季比诸牡丹，言牡丹虽好，惜乎仅绽一春，而月季独占四时，故多溢美之词。〔宋〕朱淑真《长春花》（一说董嗣杲）诗言："一枝才谢一枝殷，自是春工不与闲。纵使牡丹称绝艳，到头荣瘁片时间。"又〔宋〕王仲甫《丑奴儿》词曰："牡丹不好长春好，有个因依。一两枝儿，但是风光总属伊。当初只为嫦娥种，月正明时。教恁芳菲，伴著团圆十二回。"

因月季月月绽放，名又带月字，故文人亦将月宫嫦娥与之关联，或曰此花乃仙家所栽。〔宋〕赵师侠《朝中措·月季》词云："开随律琯度芳辰，鲜艳见天真。不比浮花浪蕊，天教月月常新。蔷薇颜色，玫瑰态度，宝相精神。休数岁时月季，仙家栏槛长春。"又以月季冬日亦有花，约略作不畏严寒之态，风骨亦可赞。〔宋〕范成大《常春》诗道："染根得灵药，无时不春风。倚阑与挂壁，相伴岁寒中。"

月季多有妙处，又自馨香，惜乎枝茎蔓诸四野，虽不若蔷薇倚墙攀缘，终非坚挺矍铄，故而品性稍逊。〔宋〕张翊《花经》列“月红”作“五品五命”。然古人多植，为四时之赏。〔清〕陈淏《花镜》记月季栽植之法：“分栽、扦插俱可，但多虫莠，需以鱼腥水浇。人多以盆植为清玩。”

花·今夕
Nowadays

古之月季，非今泛指之月季也，以物种论，乃今之月季花、香水月季数种。今所谓月季花者，一名月月红，其学名曰 *Rosa chinensis*。其株为灌木，茎枝具钩刺，叶作羽状，小叶奇数，花数朵，间或聚作伞房状。其花色或红，或紫红，或淡粉，或粉白，花瓣或五数，或七八乃至十余数，亦有重瓣者。此花野生于川鄂黔诸地，各地亦多栽植，自仲春始，至仲秋止，花开不绝，生诸南方者全年皆华。

今俗称“月季”者，非古之月季也，乃泛指蔷薇之属多种而言。更有“现代月季”，杂交育种而来，其色甚众，而花形亦多样，今广为栽植者，俱为此类。

忍冬

［小满二候］

金花间银蕊，翠蔓自成簇

从前见到的忍冬，都生在别人家的篱笆墙上，浓郁着满架阴凉。入夏时分，开纤巧的花朵，初时洁白，开得久些，就转金黄，再过些时日则枯萎凋敝。行走花旁，又有清香，入夜时由篱笆下经过，那味道胜过任何清新剂。小时候不知道忍冬这名字，都称之为金银花，小孩子听说金银花可以泡水，总想去偷偷揪一把来，却又不敢。待得喝到金银花茶，又觉得苦涩得要命，夹带着灰土的味道，自此之后，不喝也罢。

北方难见野生的金银花，跑去南边，在湖南搭乘长途汽车，摇晃之间，看到村头篱落上，恣意舒张的金银花。曾经想栽种一株忍冬来着，却又在意，担心憋在小园子的角落里，难以随性地舒张。当然也担心虫害，在我印象里头，金银花只消不通风，通常爬满腻虫，惨不忍睹。思来想去，终于还是没有栽种。

从小看着金银花，然而真个需要几幅图片时，我才发现，自己竟没有好好为它拍过照。忆起老宅附近，间隔一条小路，有户人家，阳台外面爬满金银花的藤条，入冬也不凋萎，只是挂着凄迷委顿的墨绿色叶子；入夏时分，花开得煞是繁茂，晴日里总能遇见成群的蜜蜂，忙碌不已。我便想去看看这一丛金银花，去拍照。按着记忆寻去，却见那户人家正在装修，大兴土木，非但金银花不知去向，连那爬满金银花的阳台，也彻底拆除了，换作铝合金的透亮大窗。这才知道，老主人过世，儿女将房子卖了，新房主嫌那许多的金银花遮挡了阳光，于是铲除了。倘使早来一星期，我或许可以想方设法，把那丛老藤移走的吧？想起，从前上小学时，时而经过，觉得那一丛金银花，仿佛亘古不变一般。当然没有什么能够永远。

花·史话

History

忍冬之名，〔明〕李时珍依〔南朝梁〕陶弘景之言，释之曰："藤生，凌冬不凋，故曰忍冬。"又有诸名，按〔明〕王象晋《群芳谱》所载曰金银藤，又名金银花："三四月后，开花不绝。花长寸许，一蒂两花，二瓣一大一小，长蕊初开者，蕊瓣俱白，经三二日则变黄，新旧相参，黄白相映，故呼金银花。"更言："一名通灵草，一名鸳鸯草，一名左缠藤，一名蜜桶藤，一名鹭鸶藤，一名老翁须，一名金钗股。"依〔明〕土宿真君《造化指南》之说，蜜桶藤之名，因其花清香而多蜜之故。

忍冬花金银二色，故曰鸳鸯，又以花形如鹭鸟，故曰鹭鸶。〔金〕段克己《同封仲坚采鹭鸶藤因而成咏录寄家弟诚之》诗句曰："有藤名鹭鸶，天生非人育。金花间银蕊，翠蔓自成簇。"其弟〔金〕段成己《和鹭鸶藤诗》亦有句云："徐看是鹭藤，香味浓可掬。"段氏唱和，世人始知鹭鸶藤之芳名。

唯忍冬原生于南国，唐宋时乏人问津。〔宋〕施宿等所编《会稽志》中记曰："香如荼蘼茉莉之属，亦可植园圃，轩槛为架承之。"然

不入名花之流。至明清时，方多植于北地，往往凌冬不凋，始为人赞。〔清〕汤右曾有《忍冬》诗赞曰："藤缠跨岩谷，不与众草伍。保尔岁寒心，忍兹霜雪苦。"以其能耐冬寒，花又芬馥，乃有清誉。〔清〕查慎行《鸳鸯藤》诗言："鸳鸯亦有偶，鹭鸶亦有群。岂谓阅晨暮，遽看黄白分。亭亭羞独艳，两两含清芬。愿保忍冬意，略焉吟送君。"

〔清〕吴其濬《植物名实图考》中言忍冬："吴中暑月，以花入茶饮之，茶肆以新贩到金银花为贵。"〔清〕叶申芗《点绛唇·金银花一名鹭鸶藤》记金银花茶饮，曰："钗股双垂，色分黄白真纤巧。珠萦翠绕，小摘宜清晓。茗战争新，香助汤功妙。谁知道。段家诗好，初把芳名表。"

花·今夕
Nowadays

古之忍冬，即今之忍冬，一名金银花，其学名曰 *Lonicera japonica*。其株为灌木，常作藤状，叶卵状，凌冬常不凋落，花两两成束，梗甚短，束出于叶腋。其花初生时色白，绽后二三日，色转金黄，颇香馥，花形若细筒，先端裂作上下二唇状，上唇又裂作四数，蕊作长丝，稍见于唇外。此花自中原以南间或野生，见于山林间，乃至村口草坡诸地，南北亦多栽植，自季春始华，仲夏乃止，入秋亦常复花。

又有红白忍冬，乃忍冬之变种，花之细筒之外紫红，筒内仍作白色，人亦多栽植。

石榴

［小满三候］

火光霞焰递相燃

花·遇见
Meeting

小时候我热爱石榴果，远胜过石榴花。小区里总有几株石榴，枝繁叶茂，花开满树，只可惜并非食果的品种，故而果实不多，只挂得几个，时常为附近的孩子们惦念。实则那果子相当酸涩，并不可口，只是惦念这事本身，就足以让小孩子们魂牵梦萦。

二十余年后，我自老宅搬出，继而听说楼前有一株老石榴树，因房间易主，树又临街，总有好事者爬上矮墙，去摘那果子，新房主索性将树砍了。说来着实可惜。听闻偷摘石榴的人，爬矮墙曾致护栏损毁，又听闻砍树经了多方出面，园林确认此树乃私人之物，原房主确认放弃相关权益，之后才终于砍掉。我有一点哀叹，记得那树在初夏，满枝红艳的花，伸出墙外，煞是好看。

不知何故，我虽曾厌倦那些美艳的花卉，却唯独不曾说过石榴的坏话。大约是石榴花所见单瓣为多，颜色虽热烈，却不显得累赘。只可惜石榴往往招来蚜虫，我也只是远观罢了。三五年前，我和妻一起收集石榴掉落的花瓣，待干燥了，装在玻璃球里，制成项链，委实华美。只是那花瓣放不长久，终于还是会褪色。去年我也栽种了小盆石榴，大约是低矮品种，总生得命运多舛的模样，花也开，果也结了，只是不茁壮，今年春日，终于彻底枯死。许是我栽种不得其法吧，总觉得石榴仍是大棵为宜，生在深沉的院落里头，才有红绿掩映的夏日滋味。

花·史话
History

石榴之名，亦作“安石榴”。〔明〕李时珍言：“榴者瘤也，丹实垂垂，如赘瘤也。”又引〔晋〕张华之言：“汉张骞出使西域，得涂林安石国榴种以归，故名安石榴。”按张华所著《博物志》中，今本不见此条，度为逸散卷中言。此安石国，今人以为一作“安息”，即阿萨西斯国也。一名“海榴”，以此物海外所产，非出中原之意也。时珍又引〔北魏〕贾思勰《齐民要术》曰：“凡植榴者，须安礓石枯骨于根下，即花实繁茂。”以为安石之名，自栽植之法来，此解亦通。

石榴外来之说，一如〔宋〕王禹偁《咏石榴花》诗言：“王母庭中亲见栽，张骞偷得下天来。谁家巧妇残针线，一撮生红熨不开。”其花灿红如火，〔唐〕韩愈《榴花》诗乃有“五月榴花照眼明”之句。〔唐〕刘言史《山寺看海榴花》诗句言：“夜久月明人去尽，火光霞焰递相燃。”亦尽其意也。自汉以降，又有石榴裙，取石榴之色。因〔南朝梁〕何思澄《南苑逢美人》诗道：“风卷蒲萄带，日照石榴裙。自有狂夫在，空持劳使君。”后故以石榴裙寓美人矣。

〔唐〕段成式《酉阳杂俎》载：唐天宝中，有处士崔元徽，夜遇诸女于院中，有杨氏李氏陶氏等，一绯衣小女，姓石名阿措。诸女宴请封十八姨，然封氏性颇轻佻，翻酒盏而污阿措衣。阿措怒，众遂不欢而散。诸女告崔元徽道，此辈皆花精，阿措即石榴花是也，封姨者，乃风也。元徽从诸女之请，制护花幡，使恶风无用。〔宋〕苏轼《石榴》诗引此传说，有句曰："风流意不尽，独自送残芳。色作裙腰染，名随酒盏狂。"

石榴花入夏而盛，不与春花争艳，故〔宋〕晏殊《石榴》诗言："开从百花后，占断群芳色。"唐人多怜其色，以为桃李之类不能及。宋人以其花无香，品格稍逊，更以美人比之。〔宋〕陈师道《西江月·咏榴花》曰："叶叶枝枝绿暗，重重密密红滋。芳心应恨赏春迟，不会春工著意。晚照酒生娇面，新妆睡污胭脂。凭将双叶寄相思，与看钗头何似。"〔宋〕张翊《花经》以石榴为"五品五命"。

至明朝时，各色千叶榴大行其道。〔明〕王象晋《群芳谱》载石榴道："花有大红、粉红、黄、白四色。"〔明〕高濂《草花谱》则有"榴花八种"之说："燕中有千瓣白、千瓣粉红、千瓣黄。大红者比他处不同，中心花瓣如起楼台，谓之重叠石榴花，头颇大而色更红深。余曾俱带回杭州，至今芳郁。有四色单瓣。"榴花之赏，据此亦不独尊大红者也。

花·今夕
Nowadays

古之石榴，一名安石榴，即今之石榴，其学名曰 *Punica granatum*。其株常为灌木，亦有为小乔木者，叶长圆而狭，花生诸枝端，或独生，或三五之数聚生。其花色红，萼作钟状，先端裂为五数，亦见有六七数者，乃至八九数者，花瓣亦常五数，或稍多至八九之数，瓣上多皱褶。此花汉代引入中土，今南北各地均有栽植，常华于孟夏，而落于仲夏。

石榴花又有诸品，皆石榴之变种、品种是也，譬如千瓣红石榴，花大而红，重瓣；玛瑙石榴，花大，色红而具黄白条纹；白石榴，色或白，或乳白，单瓣；重瓣白花石榴，色白，重瓣；黄石榴，色淡黄，单瓣；月季石榴，株矮叶狭，花亦小巧。

蜀葵

[芒种一候]

绿衣宛地红倡倡

我一度非常喜爱蜀葵，喜爱那种我行我素的艳丽。也许正是因这花栽种在街头巷尾，无需呵护，也可茁壮，我才会格外热爱吧。记得约莫五六岁的时候，距我家一个路口之隔，有某公交车的总站停车场，围栏边上栽种了许多蜀葵，初夏开花，颜色各异。我最喜爱收集各种色彩，蜀葵花里，有粉红、紫红、淡粉、大红，都是常见颜色，白色也常见，淡黄、暗红、红褐色则少见些，最难见的是香槟色，小时候称之为肉色。总之我和母亲一起，去收集各种颜色的蜀葵的种子，在自家楼下无人打理的荒地上栽种。

如今已过了三十年，依然记得摘蜀葵种子时，果实上的硬毛扎手的感觉。想要种子，就顾不得疼。回来将种子种下，入秋发芽后枯萎，翌年重新萌发，夏季就会开花。彼时觉得种花有无穷的欢乐。那最难得一见的香槟色蜀葵，种子极易被虫吃，植株又多生蚜虫，好歹栽种到开了花，心中满是欢喜。只可惜那片荒地，后来被竖起了晾衣铁架，再后来铺了地砖，蜀葵埋没于地砖之下，总归让人心疼。

长大之后，我却再也没有那种兴致和热忱，去收集各色的蜀葵种子了。去年入秋，母亲在我新居的北侧窗外荒地，又栽了蜀葵，幼苗生出，我便盼着来年看花。岂料今年初春，草木未萌，那片原本疏于管护的公共绿地，被改为了停车场，蜀葵再度遭了埋没。遗憾是真个遗憾。原本我找到一处河滨，那里的蜀葵，非但有黄色、红褐色和香槟色，也有重瓣，想着要去那里收集种子，继续栽在北窗外来着。然而无论如何，我想，倘有人对我说，他也喜爱栽种蜀葵，喜爱收集各色的蜀葵花，我定会将他当作知己。毕竟，蜀葵的顽强坚韧，不同于娇嫩的名花，我却因此才中意它们的呀。

花·史话
History

蜀葵之名，《尔雅》所载原为菺，又名戎葵，〔晋〕郭璞《尔雅注》言："今蜀葵也，似葵华，如木槿华。"〔宋〕邢昺《尔雅疏》言："戎蜀盖其所自也，因以名之。"以为此花出蜀地，又出戎地，故名蜀葵、戎葵。

〔晋〕崔豹《古今注》则言："荆葵，一名戎葵，一名芘芣。华似木槿，而光色夺目，有红、有紫、有青、有白、有赤。茎叶不殊，但花色异耳。一曰蜀葵。"又〔宋〕罗愿《尔雅翼》以为，吴葵，一名胡葵。元明时又以吴葵为蜀葵。由此，蜀葵诸名，若以产地论，则蜀、

吴、荆、戎皆有所出也。故〔当代〕夏纬瑛《植物名释札记》以为，“蜀”之义为大也，《尔雅》有“鸡大者蜀”之说，以蜀鸡为大鸡，如是，则蜀葵为大葵，其花为葵类之大者，与蜀地无干。

蜀葵之色虽曰红，又有深浅数般。〔唐〕段成式《酉阳杂俎》言：“蜀葵，本胡中葵也，一名胡葵。似葵，大者红，可以缉为布。枯时烧作灰，藏火，火久不灭。花有重叠者。”〔明〕夏旦《药圃同春》曰：“蜀葵，其色有五，俗名一丈红，喜腴无香。”因以红色者为正且多，故而蜀葵亦有忠心赤诚之意。〔明〕张瀚《松窗梦语》道：“蜀葵花，草干，高挺而花舒，向日，有赤茎、白茎，有深红、有浅红，紫者深如墨，白者微蜜色，而丹心则一，故恒比于忠赤。”

蜀葵之花虽艳，而单花繁盛不得长久。故而〔唐〕岑参《蜀葵花歌》道：

“昨日一花开，今日一花开。今日花正好，昨日花已老。始知人老不如花，可惜落花君莫扫。人生不得长少年，莫惜床头沽酒钱。请君有钱向酒家，君不见，蜀葵花。”以花荣落喻韶华易逝。

又蜀葵易栽，往往数株堆累，不甚精贵。〔唐〕陈标《蜀葵》诗乃戏之曰：“眼前无奈蜀葵何，浅紫深红数百窠。能共牡丹争几许，得人嫌处只缘多。”〔唐〕陈陶《蜀葵咏》诗则曰：“绿衣宛地红倡倡，熏风似舞诸女郎。南邻荡子妇无赖，锦机春夜成文章。”亦不以蜀葵为高格名花。〔宋〕张翊《花经》归胡葵为“九品一命”，花之最下品也。

花·今夕
Nowadays

古之蜀葵，即今之蜀葵，其学名曰 *Alcea rosea*。蜀葵为草本，初生仅具叶，越明年乃生花，其叶圆，略似心形，边缘浅裂为波状，或多棱角，花生叶腋，或独生，或数朵聚集。其花色繁多，曰大红，曰浅红，曰紫红，曰淡粉，曰白，曰淡黄，曰杏色，曰紫黑，花瓣常五数，亦有复瓣者，蕊聚为柱，生花心。此花南北皆可见，或为人栽植，或逸诸荒野，初绽于孟夏，而盛于仲夏，或曰秋日亦有花，乃各地风土不同之故也。

萱草

〔芒种二候〕

色湛仙人露，香传少女风

不知何时，城市路边忽而开始栽种萱草。记得小时候并不认识此花来着。每逢花开，暑热便随之而来，因此我对萱草总怀有复杂的情绪：喜爱花的色彩，也爱高挑又不繁缛的气质，却厌恶暑气初上的憋闷和烦躁。后来读大学时，校园里有一条小径，每到夏日离别的季节，萱花灿烂，惜乎无人观赏。那些忙于述说旖旎情怀的青年们，不喜爱萱草花园，想是萱草需要日照，那片花地，毫无树荫遮挡，而夏日的呢喃细语，无法承受汗流浃背的曝晒，也不愿在猛烈的阳光下将暗藏的心思示诸路人。

城市里刚刚引种金娃娃萱草的时候，我诧异了一下子，不知道那是什么种类。仿佛最初都将各种萱草的园艺品种，统统归为大花萱草，安放一个杂交的拉丁名，囊而括之。后来栽培的品种渐多，识别起来又成了麻烦，故而往往只说是杂交萱草，敷衍了事。有些品种的花，实则煞是好看，浅黄深橙，也有暗红色，也有紫红。几年前路边初栽那些萱草时，我欢乐地跑去拍照，而今年还想重拍，却见萱草统统被刨掘一空。何以把萱草栽了又挖呢？妻不解地抱怨，她也是喜爱萱草花的。我想，唯其如此，才能将钱花出去吧，这是由不得萱草自身意愿的。

每逢夏日，城市里又势必可以见到采摘萱草的人。通常是老年人。我倒是对老年人并无任何偏见，只是叙述所见的实情罢了。这些老年人里，又以阿婆居多。有时她们也会结伴，三两人同行，每人手拎一只塑料袋，旁若无人一般，将绿化带或者公园里的萱草花蕾，以娴熟的手法掐下，塞入袋中。我曾善意地说过一次，告诉阿婆，这是萱草，看花用的。阿婆一副鄙夷的模样，道，这叫黄花菜，你们年轻人什么都不懂！然而黄花菜和萱草并不相同，栽种的观赏萱草，口感更差，也要用开水焯得更久，才能去除花蕾中的毒物。我也只能徒呼奈何。想要观赏萱花，还得期盼一拨一拨的阿婆们手下留情。这件事，终于成为城市夏日里一段令人愤懑的哀伤。

几年前，我的书里写到萱草，因篇幅与结构所限，并未细说它何以作为中国的“母亲花”。有读者问我，为什么不提呢？如今想来，也有些遗憾。直到今年寒冬，整理此册书稿时，母亲忽而病倒，我才真切地体味到作为子女的情感。想着，等到天暖了，栽种些萱草吧，盼那些花能够自在地开放，也盼着母亲能康复如初。

花·史话
History

萱草之名，初作谖草，其音同也。《诗经·卫风·伯兮》有言：“焉得谖草，言树之背。愿言思伯，使我心痗。”〔宋〕陆佃《埤雅》释之曰：“草之可以忘忧者，故曰谖草。谖，忘也。”又记：“董子曰，欲忘人之忧，则赠之以丹棘。丹棘一名忘忧。”古人亦常引〔晋〕嵇康《养生论》之说：“合欢蠲忿，萱草忘忧，愚智所共知也。”故萱草又名忘忧，世人传为忘忧草。

萱草所以忘忧之说，〔明〕李时珍言：“忧思不能自遣，故欲树此草，玩味以忘忧也。吴人谓之疗愁。”此说唐宋时皆以为正解。然时珍又引〔明〕李九华《延寿书》之言：“嫩苗为蔬，食之动风，令人昏然如醉，因名忘忧。此亦一说也。”〔宋〕梅尧臣《萱草》诗言忘忧之意曰：“人心与草不相同，安有树萱忧自释。若言忧及此能忘，乃是人心为物易。”

〔晋〕周处《风土记》言：“怀妊妇人配其花，则生男，故名宜男。”后人以为萱草即此宜男花，或曰妇人佩之，或曰妇人食之，即宜诞男婴也。〔三国魏〕曹植《宜男花颂》赞之曰：“草号宜男，既晔且贞。其贞伊何？惟乾之嘉。其晔伊何？绿叶丹花。光采晃曜，配彼朝日。君子耽乐，好和琴瑟。固作螽斯，惟物孔臧，福齐太姒，永世克昌。”

古人以萱堂称母，自萱草之说而来。因诗经有“焉得谖草，言树之背”句，北堂谓之背，妇洗在北堂，故而后世乃有萱堂之说。〔明〕张岱《夜航船》记曰：“萱草一名宜男，妊妇佩之即生男。故称母为萱堂。”〔清〕褚人获《坚瓠集》引前人之说详释之：“后世相承以北堂谓母，而有萱堂之称，不知其何所据。”又言：“若唐人堂阶萱草之诗，乃谓母思其子，有忧而无欢。虽有忘忧之草，亦如不见。非以萱比母也。又按医书，萱草一名宜男，以萱谕母，义或本此。”萱堂既喻母，则萱草可寄游子之情。〔宋〕王十朋《萱草》诗云：“有客看萱草，终身悔远游。向人空自绿，无复解忘忧。”

〔唐〕李峤《萱》诗言：“屣步寻芳草，忘忧自结丛。黄英开养性，绿叶正依笼。色湛仙人露，香传少女风。还依北堂下，曹植动文雄。”萱花诸面，面面俱道也。因其花有所寄，〔宋〕张翊《花经》列“忘忧”作“四品六命”，位在名花之列。

〔明〕王世懋《花疏》记曰：“萱草忘忧，其花堪食，又有一种小而纯黄者，曰金萱，甚香可食，尤宜植于石畔。”〔明〕王象晋《群芳谱》记萱花道：“色有黄、白、红、紫，麝香、重叶、单叶数种。”古人以为黄花菜乃萱草一种，食则以此为佳。〔明〕高濂《遵生八笺》称黄花菜为黄香萱，并详述烹食之法，又记萱花三种：“单瓣者可食，千瓣者食之杀人，惟色如蜜者香清叶嫩，可充高斋清供，又可作蔬食，不可不多种也。且春可食苗，夏可食花，比他花更多二事。”

花·今夕
Nowadays

古之萱草，或泛指萱草之属数种，如黄花菜、小黄花菜、北萱草之类，或特指今之萱草，其学名曰 *Hemerocallis fulva*。其株为草本，叶自根出，狭带状，形若碧绦，花常数朵聚于一枝，共生长梗，出诸叶丛中。其花色或橙黄，或橙红，次第荣落，花作喇叭状，具六瓣，然此瓣非花瓣也，呼作“花被片”。此花南北皆有，野生于林间、草地、溪畔，亦多见栽植，始华于孟夏，绵延至秋，而仲夏最盛。

又有重瓣萱草者，一名千叶萱草，乃萱草之变种也，花重瓣，蕊皆不见。又有诸类，皆萱草属之园艺品种，花色或红，或明黄，或橙，或暗红，乃至鲑红者，双色相间者，深红而具橙肋者，红镶金边者，不一而足。今常见栽植者，有金娃娃萱草，其株甚矮，花色黄，形略似钟。

栀子

［芒种三候］

孤姿妍外净，幽馥暑中寒

花·遇见
Meeting

很多年我都未见过栀子花，小时候，偶尔一两次，见过重瓣来着，并不能体味到美妙，觉得那不过像是一团纸花罢了。身在北地，听说栀子难养，故而印象里，这花大约等同于娇贵古怪，喜欢不来。

后来才知道我误解了栀子花。十余年前，第一次去雁荡山，看到山壁上生着白色的野花，小灌木的模样，花开得雅致，一时间竟猜不出是什么种类。行走于山间，不知何故，心里头突然冒出了栀子的名字。彼时山中的游客们，许多也并不知晓那是栀子，以至我说，莫不是栀子吧，路过的游客还胸有成竹一般，说道，栀子才不是这样子。

然而栀子就是这个样子。花卉市场里贩卖的重瓣栀子花，那并非栀子原本的模样，甚至古时候，重瓣栀子至多算是花之中品，因它的香味有些俗气。单瓣的栀子花，香气更清幽，仿佛身着白衣的少女，踩在盛夏墨绿色的芳草之间，描绘着自在舞步。

我也回想起来，读大学时，导师和我说，重瓣的栀子是变种，叫作大花栀子。后来知道重瓣的正式名叫作白蟾，繁缛肿胀，真个名副其实。当初在雁荡山，我就想把单瓣的栀子引回北京栽种，可惜未见果子。直至如今，我依旧只能在北京的花市里见到重瓣变种，去年夏天，十五元两盆，贵是不贵，可惜一株单瓣也未见。去台湾时，单瓣的栀子叫作山黄栀，这个倒是买得到，却带不回来。故而单瓣的栀子，一直是我所惦念的，微小憾事。

上一个冬天，我偶然看到贩卖中草药苗木的店铺，在卖山黄栀的小苗，于是欣欣然购得两株。苗小而娇弱，不知道何时才能长大开花，我却不急，安心地栽下了。然而小苗的叶子却相继变黄凋落，眼看着只剩下苟延残喘的余地。悲伤之间，忽而有种花的友人对我说，这不行，北京的水不适合栀子，需用纯净水才好。改了纯净水，果然叶子渐绿，蓬勃生长，到夏天时，竟而开出两朵花来。花开的那几日，小院子里，虽则混杂着月季、四季桂的气味，但唯独栀子的香，自角落飘来，令人感受到甜美的清凉。

花·史话
History

栀子之名，依果而来。〔明〕李时珍言：“卮，酒器也。卮子象之，故名，俗作栀。”形似酒器者，非栀子花，乃栀子果也。〔唐〕段成式《酉阳杂俎》记曰：“诸花少六出者，唯栀子花六出。陶贞白言，栀子剪花六出，刻房七道，其香甚。相传西域薝蔔花也。”

薝蔔之名，相传出自佛经，或曰栀子即薝蔔，或曰非也。今人亦莫衷一是，一说薝蔔即郁金，可染黄，因栀子亦可染黄，故此二物混同。古人考辨，常言薝蔔花色淡黄，而栀子雪白，故不相同。然栀子初开，其色白，经日则色渐深，淡黄乃至檀色也，则又不能分。薝蔔既入诗文，

常指栀子言，自明清则更视同一物。〔明〕王世懋《花疏》曰：“栀子，佛经名薝蔔，单瓣者六出，其子可入药入染。重瓣者花大而白，差可观，香气殊不雅，以佛所重，存之。”一说薝蔔为山栀子，〔清〕周玺《彰化县志》记曰：“薝蔔，俗名黄栀花，一名山栀，色白心黄，味香，不能结实。”

〔宋〕吴文英《清平乐·书栀子画扇》曰：“柔柯剪翠，胡蝶双飞起。谁堕玉钿花径里，香带熏风临水。露红滴沥秋枝，金泥不染禅衣。结得同心成了，任教春去多时。”赞其花馨香旖旎，花果繁盛于夏秋。

实则栀子其色胜雪，又有清香，绽于暑热中，真清凉之花也。〔宋〕牟巘五《薝蔔林》诗言：“都将千石危，化作一林雪。尽日无别香，五月何曾热。”以栀子花盛开，赏之可避暑也。〔宋〕杨万里《栀子花》诗亦有句：“树恰人来短，花将雪样看。孤姿妍外净，幽馥暑中寒。”栀子洁白且香，故品格高洁，惜乎不耐风寒，故〔宋〕张翊《花经》将之列作“三品七命”。

栀子花虽妙，然则南国易见，文人虽咏，不以为孤高，村头闲院亦常有之。〔唐〕王建《雨过山村》诗云：“雨里鸡鸣一两家，竹溪村路板桥斜。妇姑相唤浴蚕去，闲著中庭栀子花。”〔宋〕李石《捣练子》词，以栀子花饰女儿娇颜，道：“双凤小，玉钗斜。芙蓉衫子藕花纱。戴一枝，薝蔔花。”

花·今夕
Nowadays

古之栀子，即今之栀子，其学名曰 *Gardenia jasminoides*。其株为灌木，叶常作长圆，花独生于枝端。其花初开时色白，盛放数日则渐变乳黄，花绽之时，香馥清幽，可消溽暑，花形若六瓣之状，实则瓣之根基相勾连也，雄蕊六数，狭带状，雌蕊棒状，独立花中。此花见于中原以南，山林、沟谷、溪畔或有野生，亦可栽植，多华于夏日。

又有名曰白蟾者，一名大花栀子，乃栀子之变种也，花重瓣而大，若纸团未展之状，不见蕊。今人言栀子用作玩赏者，往往即此也，单瓣栀子反以“山黄栀”呼之。

绣球

［夏至一候］

乱碾铢衣降紫冥

身在北地，我一直没有见过绣球花，或者说，我一直未曾留意。直到十余年前，初夏去杭州出差，偶然看到雨中的绣球，紫烟粉霞一般，浸在雨雾里，如梦如幻。后来才知晓，因在北方难以越冬，绣球栽种得不多，江南却少不了绣球花作为装饰。近几年北地也有了绣球，较耐寒的品种，叫作无尽夏，我曾动过心思想栽一棵来着。彼时刚刚时兴，价格稍贵，又担心不得其法，终于没有买来，于是和绣球的缘分，久久未至。

后来在南方各地，都见了成片栽种的绣球花，有时拍照，大都是景观，却未仔细拍过一株或者一枝。觉得想要拍时，只好四下打听北京哪里有绣球栽种。曾经在某座园子里见过，然而再去寻，那些花已经换作了别种，想是过冬艰难吧。最终见到栽种的几株，看上去却不如意。继而去苏州，在耦园里看到两盆硕大的绣球，也是蒙在雨雾里，悠远的蓝色溶在整个园林的精致与深邃之中，我不禁在心里感叹：看绣球果然还是要来南方呀！

那也是我第二次认真考虑栽种绣球。然而北京的水，硬度较高，纵然绣球开花，也都是粉色，而非蓝色。当然也有“绣球变色”的栽种方法，需要用酸性水浇灌，或者使用药剂来调理。想了想，觉得太过复杂，再度打消了栽种的念头。

日本京都也以栽种绣球闻名，倒是在日本，不叫绣球，而叫紫阳花。原本今年夏季，我是想去京都观赏绣球的，订了机票和酒店，之后等着出发的日期。岂料出发前，女儿忽然生了病，无奈只得将行程取消了。继而才知道，倘若按照之前的行程，抵达日本后即遇到台风，而离开前又会遭遇地震。没能成行，不知是幸还是不幸。但何以我想要看绣球时，总会被各种状况扰乱呢？大约是缘分不足吧。

花·史话
History

绣球花之名，曾不见于经传，至元明时始言之。〔明〕王象晋《群芳谱》记有绣球，言道：“木本，皴体，叶青色，微带黑而涩。春月开，花五瓣，百花成朵，团圞如球，其球满树，花有红、白二种。”〔清〕曾曰瑛《汀州府志》则载：“绣球，一叶众蕊，团团凑合，如簇球然，初青后白，其大如碗。又一种花小如盏，开时亦烂熳。又一种花只八蕊，簇成一朵者，名八仙花。”盖古人或以八仙花名之，又因八仙花与聚八仙混同，聚八仙则言琼花，故而绣球花之名初不能传，混入诸花矣。

今绣球花有红蓝二色，又有近白色者，而琼花之色胜雪，比诸绣球自多高洁，而不若绣球之烂漫。〔宋〕董嗣杲《聚八仙花》诗有言：“密团粉腻翠枝擎，乱碾铢衣降紫冥。”观其花色，则应作绣球花也。又如〔宋〕杨巽斋《绣球》诗云：“纷纷红紫竞芳菲，争似团酥越样奇。料想花神闲戏击，随风吹起坠繁枝。”

古之绣球，又名粉团花，又名雪球花，然此诸名，皆有他指，非仅言绣球花也，常为古人混同。〔明〕高濂《草花谱》记粉团花曰："麻叶，花开小而色边紫者为最，其白粉团即绣球花也。"〔清〕陈淏《花镜》亦有言："粉团，一名绣球。"又记："俗以大者为粉团，小者为绣球。闽中有一种红绣球，但与粉团之名不相侔耳。"以此说论，则花白者为粉团，其余诸色曰绣球为宜。雪球花之意，与此略同。然陈灏亦言八仙花："八仙花，即绣球之类也。因其一蒂八蕊，簇成一朵，故名八仙。其花白瓣薄而不香。蜀中紫绣球即八仙花。"则数种又混淆矣。度今之绣球，如所言之紫绣球、红绣球之属也。〔清〕赵学敏《本草纲目拾遗》亦言粉团花："有大小二种，其花千瓣成簇，大者曰玉粉团，初青后白。小者曰洋粉团，青色转白，白后转红蓝色。"此洋粉团如今之绣球状。

今又称绣球花作紫阳花，此说初盛于东夷，又传至中原，众人乃漫说之。紫阳花名，相传自〔唐〕白居易始。〔宋〕钱易《南部新书》记杭州之事曰："岩顶崖根后产奇花，气香而色紫，芳丽可爱，而人无知其名者。招贤寺僧取而植之，郡守白公尤爱赏，因名曰紫阳花。"白居易《紫阳花》诗云："何年植向仙坛上，早晚移栽到梵家。虽在人间人不识，与君名作紫阳花。"以此花言绣球，其意亦通。

花·今夕
Nowadays

古之绣球，一名八仙花，当言今之绣球之属数种，其一即今人所言绣球者，其学名曰 *Hydrangea macrophylla*。其株为灌木，叶长圆，花数朵聚作球状，大若旧时灯笼，生诸枝顶。其花色或粉红，或淡蓝，或近粉白，花多作四瓣，此瓣非花瓣也，乃萼片是也，其间无蕊，偶杂有小花，瓣甚微而花心生蕊。此花自中原乃至以南诸地皆有，野生于林下溪畔，亦多为人栽植，华于仲夏，败于孟秋。

百合

［夏至二候］

含露或低垂，从风时偃抑

花·遇见

Meeting

从前我以为，百合花仅仅只是花店里的模样，硕大，香气有些恼人，雄蕊上肥硕的花药，到处散播花粉。小时候见过山丹，见过卷丹，实则都是百合同类，只是没见过野生的白色百合花，故而用鲜切花的模样，来填补了这一段空白。委实错怪了百合。

十余年前，在晋南历山做植被调查，初见了野生的百合花。那花生在高耸凌厉的峭壁之上，只能仰面观望，绝壁间一枝花茎，洁白的花朵在顶端摇曳，那景象，有一点点迷幻。可惜彼时我的相机，没办法拍下

太远的花，只得将花的身姿，深刻在记忆之中。后来间或见了数种野生百合，白色花的种类也有，那时才知晓，百合可以生得清高雅致。

近几年跑去台湾，见了粗茎麝香百合，也见了台湾百合，在海拔三千米的合欢山上，在离岛兰屿的气象站，在最北端的富贵角步道，那些百合，或者散落，或者聚集，又全然是另一番景致。我此前并不敢奢望，百合花可以接连成片。至于最不可忘却的，则是第一次去台湾时，为了拍摄台湾百合，爬上十余米高的山壁，一侧直上，一侧直下，仅有我脚下三四十厘米宽的小径，我如壁虎般爬过去，举起相机，然后，为那百合花的孤高所深深折服。

于是前两年，我终于开始栽种百合花，不是绚烂的园艺品种，而是原生物种：粗茎麝香百合。花种在院子里，簪子般的花蕾，挂在枝头许久，忽而绽放，惊若天人。从花边经过，嗅到清香，觉得，这才是夏日里沁人心脾的味道。

百合之名，〔宋〕罗愿《尔雅翼》释之曰："百合蒜近道处有，根小者如大蒜，大者如碗。数十片相累，状如白莲花，故名百合，言百片合成也。"〔明〕李时珍亦言："百合之根，以众瓣合成也。或云，专治百合病，故名，亦通。"又有诸别名，《本草纲目》记曰："其根如大蒜，其味如山薯，故曰蒜脑薯。"又："此物花、叶、根皆四向，故曰强瞿。凡物旁生谓之瞿。"强瞿亦讹为强仇，音转之故也。

古人传言，百合之根，乃蚯蚓缠结变化而生。时珍驳之曰："蚯蚓多处，不闻尽有百合，其说恐亦浪传耳。"百合之根，虽入药，亦竟可为食，〔明〕王象晋《群芳谱》记："都波国，无稼穑，以百合为粮。"〔清〕屈大均《古意》诗云："百合蒜可怜，根根皆百合。赠郎百合根，花叶休相杂。"

〔南朝梁〕萧詧《咏百合》诗言："接叶有多种，开花无异色。含露或低垂，从风时偃抑。甘菊愧仙方，丛兰谢芳馥。"以其花色洁白，又具清香，故而赞之。〔宋〕韩维《百合花》诗亦言："真葩固自异，美艳照华馆。叶间鹅翅黄，蕊极银丝满。并萼虽可佳，幽根独无伴。才思羡游蜂，低飞时款款。"

《群芳谱》又记有百合诸类："百合有麝香、珍珠二种。麝香花微黄，甚香；珍珠花红有黑点，茎叶中有紫珠。秋分节取其瓣分种之，五寸一科，宜鸡粪，宜肥地，频浇则花开烂漫，清香满庭，春分不可移。二年一分，不分枯死。"度古人言百合，泛指百合之属诸类也，无分红白数种，所谓麝香者，乃今之野百合、麝香百合之流，所谓珍珠，则今之卷丹也。

花·今夕

Nowadays

古之百合，常作通称也，譬如今之野百合、百合、粗茎麝香百合诸类，皆依此名。姑以今之野百合详述之，其学名曰 *Lilium brownii*。其株为草本，鳞茎球状，生诸土下，其叶条形，花或独生枝顶，或数朵稀疏聚集。其花色乳白，具清香，形如喇叭，若花瓣六数之状，然则实非花瓣，呼作"花被片"，雄蕊六数，先端狭棒状而生花粉，雌蕊一枝独立。此花生于华中、华东、华南、西北，见诸山坡、林下、岩隙之间，始华于孟夏，而终于季夏。

今名曰百合者，乃野百合之变种也，叶宽，鳞茎肥厚可食。又有粗茎麝香百合，花色白，而喇叭外壁色作淡绿。今又有百合之园艺品种甚众，色或红或黄，或白或紫，不一而足，皆可栽植，亦作切花，插于瓶中可也。

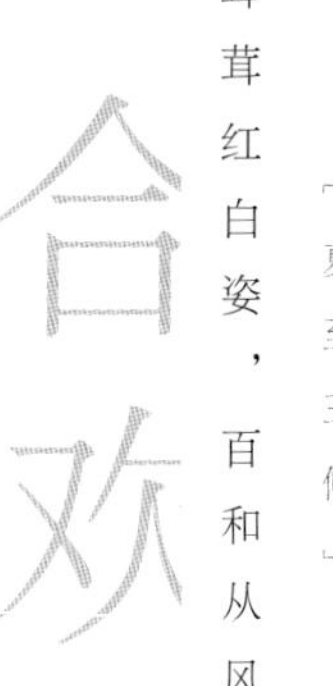

「夏至三候」

茸茸红白姿，百和从风飏

在我小时候，极喜爱合欢花。悠长的夏日黄昏退去，是晚饭后的散步时间，两条公路之间的街心公园里，有一株硕大的合欢树，如伞盖般，枝丫舒展，遮住细碎的星光。散步到那里，家长们会停下来，小孩子则在树下的空场上，追跑打闹。合欢花初开，有清新的香味儿，混杂在夏夜湿乎乎的黏稠以及晚风的微凉中，让人由不得不喜爱夏季。若是上午去树下，可以捡到败落的合欢花，小扫把一般，颜色已经偏了枯黄。我会挑选一两枝颜色最淡雅的花，趁尚未委顿，将它们小心地收藏起来。

后来听说合欢花是考试花，才知道，这说法数十年前就已然存在了。听朋友讲，他的长辈们都深切地记得，合欢花开时，即将迎来夏日的期末考试。因是考试花，所以他们并不怎么喜爱合欢。说来有些冤枉。记得我高考那一年，考试的时间还是七月初，如今的学生们，则在六月就已经可以松一口气。如此一来，合欢花的考试之名，是不是也渐渐不为人知了呢？

自小时候起，我收集过许多次合欢的果实和种子。果实是扁平的豆荚，因为极扁，又较大，小孩子喜欢捡了来。只是成熟的豆荚里，见不得几粒完整的种子，大多数种子，已经被虫蛀了。几年前我收集了合欢的果实，到了深夜，隐约听到咯吱咯吱的声响。找了许久，才发现声音自合欢豆荚内部而来。剖开荚果，里面的种子有个小洞，能够抖落出一些木屑。至于虫子，反正就在那里面。

有一年夏日清晨，我被堂姐一家的电话惊醒。夜里燥热，他们醒得早，约我一起去吃早点。约莫清晨五点多钟，我们一起在北京城内的小胡同里闲逛，没有大都市的喧嚣与魔幻，那个时候的北京，沉郁而安详。胡同尽头有一小方绿地，矗立着一棵硕大的合欢树，淡粉色的花尚未凋落，星星点点，缀在枝头，清新的气味飘入胡同里，沁人心脾。我们走过合欢树下，去吃包子和炒肝儿，食物的味道，约略神清气爽的问候声，以及合欢花的清香，那是留在我记忆里头一个确然属于北京这座城市的清晨光影。

合欢之名，初由诸传言而来。〔晋〕崔豹《古今注》言："合欢树似梧桐，枝叶繁，互相交结。每风来，辄身相解，了不相牵缀。树之阶庭，使人不忿。嵇康种之舍前。"〔元〕伊世珍《琅嬛记》载："逊顿国有淫树，花如牡丹而香，种有雌雄，必二种合种乃生花。去根尺余，有男女阴形，以别雌雄。种必相去勿远，二形昼开夜合，故又以夜合为名，又谓之有情树。"盖此二说，皆与今之合欢有异。度合欢入夜，叶相交合，故有诸般传言也。又名合驩，驩与欢相通也。

〔汉〕《神农本草经》言合欢道："主安五脏，利心志，令人欢乐无忧。"古人亦常引〔晋〕嵇康《养生论》之说："合欢蠲忿，萱草忘忧，愚智所共知也。"又因《古今注》有嵇康之言，乃传："欲蠲人之忿，则赠之青堂。青堂，一名合欢，合欢则忘忿。"由此之故，〔宋〕韩琦《夜合》有诗句曰："得此合欢名，忧忿诚可忘。茸茸红白姿，百和从风飏。"

〔明〕王象晋《群芳谱》记合欢曰："枝甚柔弱，叶纤密，圆而绿，似槐而小，相对生，至暮而合。枝叶互相交结，风来辄解，不相牵缀。"此说一如今之合欢也，盖合欢之名，亦依此意。又《群芳谱》载〔明〕于若瀛之说："花俯垂有姿，须端紫点，手拈之即脱。才破萼，香气袭人。"并有《合欢》诗曰："一茎两三花，低垂泫朝露。开帘弄幽色，时有香风度。"因其清香，文人亦多赞之，以合欢为雅致淑静之花。〔明〕李东阳《夜合花》诗言："夜合枝头别有春，坐含风露入清晨。任他明月能相照，敛尽芳心不向人。"

合欢其名，有交合欢好之意，故而可寄相思之情。〔唐〕李商隐《相思》诗曰："相思树上合欢枝，紫凤青鸾共羽仪。肠断秦台吹管客，日西春尽到来迟。"〔唐〕元稹《生春》诗亦有句言："柳软腰支嫩，梅香密气融。独眠傍妒物，偷铲合欢丛。"因可托相思，故又可诉离情。

〔南朝梁〕萧绎《春别应令诗》道："试看机上交龙锦，还瞻庭里合欢枝。映日通风影珠幔，飘花拂叶度金池。不闻离人当重合，惟悲合罢会成离。"〔宋〕张翊《花经》列"夜合"作"七品三命"，一说非合欢，乃夜香木兰也。

花·今夕
Nowadays

古之合欢，即今之合欢，其学名曰 *Albizia julibrissin*。其株为乔木，叶作羽状，二回，小叶偶数，小而甚众，花数朵聚集，如半球状，生诸枝端。其花色粉红，瓣甚短小，蕊长而繁，聚作毛刷状。此花南北皆有，或野生于山林间，或为人栽植，始华于孟夏，绵延可及初秋。

凌霄

［小暑一候］

披云似有凌云志

多年以来，我所认识的凌霄，其实都并非真正的凌霄，而是厚萼凌霄，原产于美洲，又名美国凌霄。不知何以城市里栽种的都是此物。反正我始终将厚萼凌霄，当作真正的凌霄来看。觉得那藤条郁郁葱葱，倒也喜人，近乎红色的花，在绿枝之间，也自美艳，只可惜厚萼凌霄的花萼、花冠上，常常聚集许多小虫，蚜虫甚多，于是有时也招来蚂蚁，所以只可远观而已。

直到约莫十年前，当时写过一篇凌霄的稿件，约了师兄绘图，那时无论找来的参考图，还是街头巷尾可以去观看的凌霄，实则都是厚萼凌霄。于是稿件的绘图实则也是厚萼凌霄——误当作了凌霄，当初并不知晓实情。此事我一直引以为憾，后来这幅图在许多地方，被不劳而获者窃了去，却每次也都错写成凌霄，而非厚萼，更有甚者，图上下颠倒了，依然美滋滋地印刷出来。倘使古人将凌霄看作攀附小人，这窃图的手段，到真个可以感叹一句：古人之不余欺也。

两三年前，我决意要去找真正的凌霄，拍照。然而这才发觉，整个北京城，也找不出一株。询问了许多师友，给出的地点，我一一造访，却每次都败兴而归。每次所见，都是厚萼凌霄。后来师妹说，在一条胡同里，有那么一株，似乎是真凌霄。我去看，果然和厚萼凌霄略有不同，花色偏橙。于是我欣欣然以为那就是真凌霄了。彼时枝条刚刚爬出墙头，入夏去看，花叶葱茏，美艳的一大团。

然而这个和厚萼凌霄少许不同的种类，却也不是真凌霄。在网上贴出图来，便被善意地指正，说，这是杂交凌霄，而非真凌霄。我依然未能见过真凌霄。继续请教，大约了解到，在上海，在杭州，都是可以找到真凌霄的。可惜我不能即刻跑过去看。恰好夏日里，我去苏州出差，就在居住的小巷子里，一户人家的墙头，挂着许多橙红色的花朵。天空灰暗，飘着若有似无的雨绵，原来我和真正的凌霄花的相遇，是被安排在这里的。

花·史话
History

凌霄之名，初始曰苕，《尔雅》释之曰：“苕，陵苕。”其音转为凌霄，而〔明〕李时珍又言：“附木而上，高数丈，故曰凌霄。”以其善攀高，取凌驾云霄之意，此盖随音生义也。一名陵时，为陵苕之音转。一名紫葳，时珍亦言：“俗谓赤艳曰紫葳葳，此花赤艳，故名。”

《诗经·小雅·苕之华》曰：“苕之华，芸其黄矣。心之忧矣，维其伤矣。苕之华，其叶青青。知我如此，不如无生。”此遭时饥乱之作，深悲其不幸而生此时也。苕援树而生，无依即死，则巨木之于苕华，若周室之于万民。〔宋〕罗愿《尔雅翼》言：“虽华而芸黄，叶而青青，识者知其将不久也。故见其华则为之忧伤，逮其华落而叶存，则不如无生矣。”由此凌霄自古多具依附之意。

以藤条攀绕依附之故，古人常讽凌霄若小人。〔唐〕白居易《有木》诗句曰：“托根附树身，开花寄树梢。自谓得其势，无因有动摇。”〔宋〕曾肇《凌霄花》诗亦言：“凌霄体纤柔，枝叶工托丽。青青乱松树，直干遭蒙蔽。不有严霜威，焉能辨坚脆。”

然度《诗经》之意，凌霄非意在攀附，其花依树而生，世间之必然也。故文人亦多怜之，乃至竟夸其志。〔宋〕贾昌朝《咏凌霄花》诗云：“披云似有凌云志，向日宁无捧日心。珍重青松好依托，直从平地起千寻。”〔宋〕苏轼《减字木兰花》词，道凌霄遒劲葱茏之姿，并有香软艳红之态：“双龙对起，白甲苍髯烟雨里。疏影微香，下有幽人昼梦长。湖风清软，双鹊飞来争噪晚。翠飐红轻，时上凌霄百尺英。”花品褒贬不一，故〔宋〕张翊《花经》以凌霄为“六品四命”。

〔明〕王世懋《花疏》记曰：“凌霄花，缠奇石老树，作花可观，大都与春时紫藤皆园林中不可少者。”然则〔唐〕段成式《酉阳杂俎》中言：“凌霄花中露水损人目。”〔宋〕彭乘《墨客挥犀》亦记：“凌霄花、金钱花、渠那异花，皆有毒，不可近眼。有人仰视凌霄花，露滴眼中，后遂失明。”此意更甚者，〔明〕王象晋《群芳谱》载：“鼻闻伤脑，花上露入目，令人矇。孕妇经花下，能堕胎，不可不慎。”盖由此故，凌霄花遂失人宠爱矣。

花·今夕
Nowadays

古之凌霄，即今之凌霄，其学名曰 *Campsis grandiflora*。其株为藤本，木质，叶作羽状，小叶奇数，花疏散聚作一枝，生诸枝端，垂若璎珞。其花色橙红，萼作钟状，裂为五数，裂片之浅深及萼之半，花若漏斗，先端裂作上下二唇状。此花见诸华中、华东、华南，始华于孟夏，终于季夏。

又有厚萼凌霄者，一名美国凌霄，花色鲜红，其萼肥厚，虽则五裂，而裂片甚浅，南北多栽植此种。又有杂种凌霄，一名红黄萼凌霄，花色橙红，萼裂及半数之浅深。

石竹

古罗衣上碎明霞

[小暑二候]

花·遇见
Meeting

我很喜欢石竹的模样，小时候在花坛里，看过许多样式的石竹花，紫红色、粉色、大红色、玫瑰色、白色，又带有不同的条纹，仿佛石竹花就是小孩子手中的万花筒，看来相似，实则千变万化。多年以后，有一位朋友拍了许多石竹花的照片，将它们摆放在一起，那感觉，恍如我童年时对石竹的依恋。

小时候做手工，用转笔刀把彩色铅笔削出圆形的木花，美其名曰铅笔花。我总觉得那圆形的铅笔木屑似曾相识，想了好久，终于想起，也许就像石竹花吧。小时候也栽石竹，但并不似如今，花坛里，隔离带中，到处都是廉价的石竹盆栽。如今的花卉市场上，一块钱一盆，然而这些石竹，植株虽然硕壮，花却显得蠢笨，不若山野间的石竹，美艳灵秀。认识一位男士朋友，曾经在家里收集了不同色型的石竹，窗台上，阳台上，栽种了许多盆。何以种那么多呢？他说，不用怎么养护，也能看花，挺好。

可是我从山里采集回来的石竹种子，在城市里栽种，植株都显得弱不禁风。大约是城里的温度和气候，和山中有异。去年在日本，看到有石竹的种子贩卖，写的是重瓣的古老品种。大约同一时候，有朋友在长安城的墙头，也采摘了石竹种子，寄给了我。只可惜今年种花，有一阵子疏于管理，这些石竹，都未长好，实为憾事。倘若有一处向阳通风的角落，我想，我也会收集不同样式的石竹来吧，毕竟是坚实又华美的草花。

花·史话
History

石竹之名，颇可会意。〔明〕李时珍《本草纲目》记曰："石竹叶似地肤叶而尖小，又似初生小竹叶而细窄，其茎纤细有节，高尺余，梢间开花，野田生者花大如钱，红紫色，人家栽者花稍小而妩媚，有细白粉红紫赤斑斓数色。"盖以其叶似竹叶，茎有节亦似竹，生荒野山石之间，故名。

古人以竹为君子，石竹借竹之名，乃为人赞。〔宋〕张耒《石竹花》诗言："真竹乃不花，尔独艳暮春。何妨儿女眼，谓尔胜霜筠。世无王子猷，岂有知竹人。粲粲好自持，时来称此君。"然石竹为草花，入冬即萎，不若真竹凌寒傲雪，因而古人终不以之为名花，〔宋〕张翊《花经》列石竹为"九品一命"，品格最下也。〔宋〕王安石怜此花，乃作《石竹花》诗："春归幽谷始成丛，地面芬敷浅浅红。车马不临谁见赏，可怜亦解度春风。"石竹生旷野并人家栽种者，暮春始放，而生山石之间者，夏日乃盛开，至秋不绝。

石竹花有深浅诸般紫红色，又具纹似绣线，故而为人赞作天赐罗衣。〔唐〕陆龟蒙《石竹花咏》诗曰："曾看南朝画国娃，古罗衣上碎明霞。而今莫共金钱斗，买却春风是此花。"又〔宋〕晏殊《采桑子》词亦赞之："古萝衣上金针样，绣出芳妍。玉砌朱阑，紫艳红英照日鲜。佳人画阁新妆了，对立丛边。试摘婵娟，贴向眉心学翠钿。"

石竹古名曰瞿麦，今人以石竹、瞿麦为二物，古人竟不能分。瞿麦“子颇似麦”，乃名，李时珍更释之曰：“生于两旁谓之瞿，此麦之穗旁生，故名。”瞿麦子亦可食，〔北魏〕贾思勰《齐民要术》中有种瞿麦法，并称“为性多秽，一种此物，数年不绝”。石竹又有别名曰洛阳花。〔明〕王象晋《群芳谱》言：“石竹草品纤细而青翠，花有五色，单叶，千叶，又有剪绒，娇艳夺目，㛹娟动人。一云千瓣者名洛阳花，草花中佳品也。”牡丹亦名洛阳花，度石竹花之千瓣富贵者，亚赛牡丹，今有香石竹，一名康乃馨，古曰狮头石竹，明清所谓洛阳花者，莫非此物耶？

花·今夕
Nowadays

古之石竹，即今之石竹，其学名曰 *Dianthus chinensis*。其株为草本，茎上生节若竹，故有竹名，叶狭，两两相对，生诸节上，花或独生，或数朵聚为伞状，见诸枝顶。其花色或紫红，或淡粉，或有鲜红者、粉白者、白者，花瓣五数，皆具条纹，宛若绣品，而其瓣端有齿。此花野生于北方及中原，见诸山坡草石间，始华于孟夏，至孟秋花仍不绝。

茉莉

［小暑三候］

玉蕊琅玕树，天香知见薰

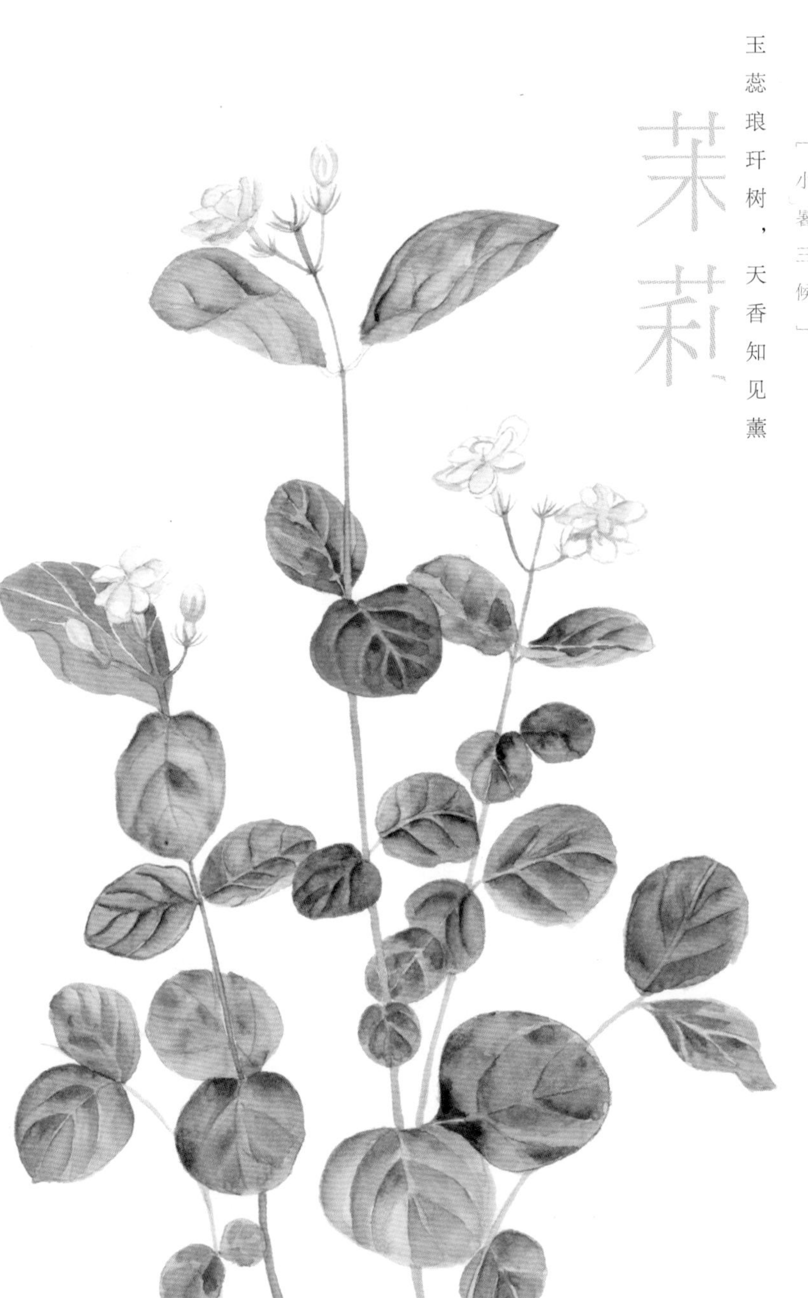

小时候我是不喜欢茉莉花的。虽然清香，但小孩子却无从理会这种妙处，只觉得茉莉花不好看，不像扶桑或者月季那样，大红大紫，也不像地黄或者一串红，可以嘬花蜜吃。茉莉花是太过朴素的洁白色，然而又没那么洁白，花稍萎蔫，就会变作枯黄，像蹭脏了的卫生纸。不明白何以大人们栽种这花。

对于茉莉的不喜欢，直到我长大也未改变。从某个时候开始，茉莉花作为一首歌曲，红遍大街小巷，拨打手机等待时的彩铃，有时默认便是茉莉花的乐曲。这令我多少有些厌烦。我不喜欢太过俗气的事物，而茉莉花的歌曲就在这不喜欢的行列里头，连带着茉莉花本身，也更加让我欣赏不来。偏偏北京的自来水，水质较硬，不太适宜茉莉花生长，听说了许多把茉莉养死的事，我会暗自叹息：何以非要养茉莉不可呢？

然而几年前，听说父亲是喜欢茉莉花的。某一年，恰好买了一盆络石，因着花卉市场上叫作风车茉莉，就拿去给父亲养。但那花在室内，生长得并不好，栽种的方法也与茉莉不同，所以不久便呜呼哀哉了。去年因工作所需，要拍茉莉的照片，我去花市买了，拍罢，花又拿给父亲。买时，按我的审美，并没有选择重瓣的茉莉花，而选了单瓣，后来才知道那还不是茉莉本种，而是毛茉莉。花拿回去，在父亲的照料之下，花开不断，春天里甚至一次陆续开了百余朵。我也终于不再那么厌烦茉莉了，后来又买了一盆正品的茉莉，如今两盆花都在父亲那里，香气有微妙的差别。

后来要写稿件，查资料，我才知道，茉莉曾经是宋太宗平灭南汉的引子，是南汉国夜郎自大的符号。这么一来，那些试图把茉莉扶正为国花的人，想必有些尴尬的吧？我是不再强烈地厌烦茉莉花了，但也没到热忱喜爱的程度。要让茉莉花真的变成国花，于我而言，总不乐意接受的。所以看到南汉国把茉莉叫作“小南强”，惹得大宋挥师南下，我终于安心地浅笑了起来。

茉莉之名，原作末利。〔晋〕嵇含《南方草木状》记末利花曰：“胡人自西国移植于南海，南人怜其芳香，竞植之。”〔明〕李时珍《本草纲目》记有末利、抹厉、抹利、没利、末丽诸名，又言：“盖末利本胡语，无正字，随人会意而已。”而今或曰，茉莉名自梵文 mallikā，其词意颇杂，不可强解。因传茉莉之名本自释家典籍来，故〔宋〕王十朋《点绛唇·艳香茉莉》词句曰：“贝叶书名，名义谁能辨。”并有《茉莉》诗言：“茉莉名佳花亦佳，远从佛国到中华。老来耻逐蝇头利，故向禅房觅此花。”

茉莉花常三朵并生而色白，故别名三白。又因花芳香，故别名暗麝，〔宋〕苏轼《东坡集》言：“东坡谪儋耳，见黎女竞簪茉莉，含槟榔，戏书几间云，暗麝着人簪茉莉，红潮登颊醉槟榔。”〔宋〕朱熹《奉酬圭父末利之作》诗亦言：“玉蕊琅玕树，天香知见薰。露寒清透骨，风定远含芬。爽致销繁暑，高情谢晓云。遥怜河朔饮，那得醉时闻。”

〔宋〕陶穀《清异录》记曰：“南汉地狭力贫，不自揣度，有欺四方傲中国之志，每见北人，盛夸岭海之强，世宗遣使入岭馆，接者遗茉莉，文其名曰小南强。”此欺中原无茉莉也，至若南汉后主刘鋹被虏，宋太宗谴使置洛阳牡丹于其室，号曰大北胜。由此知茉莉异国之花也。茉莉之赏，亦自北宋始，文人以其清香洁白故，品亦高洁，〔宋〕张翊《花经》列之为“二品八命”。

茉莉花以开作小团者为贵，号曰宝珠小荷花。〔宋〕陈景沂《全芳备祖》引〔宋〕《百氏集》诗句云：“风流不肯逐春光，削玉团酥素淡妆。”其形如此。〔明〕杨慎《丹铅录》记曰：“弱茎繁枝，叶如茶而大，绿色，团尖，夏秋开小白花，花皆暮开，其香清婉柔淑，风味殊胜，花有草本，有木本者，有重叶者，惟宝珠小荷花最贵。”

茉莉色如冰雪，香可安神，故盛夏最为人所爱。〔宋〕刘克庄《茉莉》

诗言：“一卉能熏一室香，炎天犹觉玉肌凉。野人不敢烦天女，自折琼枝置枕傍。”〔宋〕洪刍《香谱》曰：“今多采茉莉蒸取其液，以代蔷薇。”〔明〕徐春甫《古今医统大全》记有茉莉香茶并其制法：“若茉莉开花时，下午摘花，投净器中，以净水浸过宿。次早以水冲入茶卤中，清香可美。”又有茉莉汤、三白酒之类，皆因爱其香，乃有炮制诸法也。

花·今夕
Nowadays

古之茉莉，今呼作茉莉花，其学名曰*Jasminum sambac*。其株为灌木，叶长圆，花常三数聚生于枝端。其花色白，颇具芳香，团圞如球，若开若阖，状似含珠。此花乃印度舶来之物，自宋始入中原，今南北皆栽植，全年皆可见花，而夏日尤盛。

荷花

【大暑一候】

红衣脱尽芳心苦

花・遇见
Meeting

我在小时候，就已经充分理解了荷花何以“可远观而不可亵玩”。虽然住处不远就有河，夏季还会跑去各个湖泊池塘玩耍，但我并没有摘过荷花，一朵也没摘过。荷花栽种的地方，水下往往有淤泥，纵使会游泳的小孩子，也不乐意过去。当然也是不喜欢叶柄上的硬刺。不过有时候会摘荷叶，顶在头上当草帽。

但我其实也不怎么喜爱荷花。觉得那花太柔弱，明明那么傻胖，然而碰一碰，花瓣就散落了。后来直到数码相机流行起来，各种大爷大妈，成帮结伙，跑去公园里拍荷花，每人一个炮筒般的镜头，一个倒天线般的三脚架。我不太喜欢这种群起而攻的架势，因而很少去看荷花了。倒是有一年，栽种了碗莲，只可惜因水质污染，即将开花的碗莲一夜暴毙。那之后，我就再也没栽过荷花。

相比荷花，其实我很喜欢睡莲，自己也种了一些。只不过如今看来，睡莲和荷花并非同类，只是长相略似，亲缘关系却相去甚远。近两年来，在北京和杭州，我终于安心拍了一些荷花的照片，这时候才明了，何以不那么热衷于荷花：拍照的时候，或有蚊子，或是闷热，总伴着不愉快。大概也正因如此，古人才喜爱观赏荷花吧，在暑热难耐的时候，花的恬淡腼腆，以及幽雅的清香，终究会为这痛不欲生的季节，带来些许神情上的快慰。

花・史话
History

荷花之名，如《诗经・郑风・山有扶苏》之言：“山有扶苏，隰有荷华。”荷华即荷花也。《尔雅》及〔晋〕郭璞《尔雅注》记曰：“荷，芙渠，别名芙蓉，江东呼荷。其茎茄，其叶蕸，其本蔤，其华菡萏，其实莲，其根藕，其中的，的中薏。”则茎、叶、根、花、果实、种子及莲心，各依其名。

〔明〕李时珍言，或以荷为根名，或以荷为叶名，或以荷为茎名，“按茎乃负荷叶者也，有负荷之意”，则荷为茎名为宜。又言，“蔤乃嫩蒻如竹之行鞭者”，此为泥中根茎也，蔤尽乃生藕，“花叶常偶生，不偶不生，故根曰藕，或云，藕善耕泥，故字从耦，耦者耕也”。又言，“菡萏，函合未发之意”，故宜呼花蕾为菡萏；“芙蓉，敷布容艳之意”，故宜呼花为芙蓉，又曰芙蕖；“莲者连也，花实相连而出”，又名莲房；莲子曰菂，“菂者的也，子在房中，点点如的”；莲心曰薏，“薏犹意也，含苦在内”。

今人以荷花为高洁者，多自〔宋〕周敦颐《爱莲说》之故，其文赞莲曰：“予独爱莲之出淤泥而不染，濯清涟而不妖，中通外直，不蔓不枝，香远益清，亭亭净植，可远观而不可亵玩焉。”然则自汉以降，文人多有赞荷花者。〔三国魏〕曹植《芙蓉赋》曰：“览百卉之英茂，无斯华之独灵。”〔南朝梁〕江淹《莲华赋》言：“珍尔秀之不定，乃天地之精英。”非只两三家言，亦非唐宋鲜有闻。唯荷花依水方生，不耐雪霜，故〔宋〕张翊《花经》列之为“三品七命”。

荷花之赏，古来多有名句，若〔唐〕李白“清水出芙蓉，天然去雕饰”，〔宋〕杨万里“接天莲叶无穷碧，映日荷花别样红”并“小荷才露尖尖角，早有蜻蜓立上头”，〔唐〕李商隐“惟有绿荷红菡萏，卷舒开合任天真”。〔宋〕姜夔《念奴娇》词句道：“闹红一舸，记来时、尝与鸳鸯为侣。三十六陂人未到，水佩风裳无数。翠叶吹凉，玉容销酒，更洒菰蒲雨。嫣然摇动，冷香飞上诗句。”最得荷花之精妙。

因有高洁之意，故残荷惹人哀思，文人以之喻青春易逝、红颜易老，隐士以此言志。〔宋〕贺铸《芳心苦》词言：“杨柳回塘，鸳鸯别浦，绿萍涨断莲舟路。断无蜂蝶慕幽香，红衣脱尽芳心苦。返照迎潮，行云带雨，依依似与骚人语。当年不肯嫁春风，无端却被秋风误。”

〔明〕王象晋《群芳谱》赞荷花曰：“荷花生池泽中，最秀，凡物先华而后实，独此华实齐生，百节疏通，万窍玲珑，亭亭物表，出淤泥

而不染，花中之君子也。”又记荷花数品：重台莲，一花既开，从莲房内又生花；并头莲，又名嘉莲，双花并蒂；一品莲，一本生三萼；四面莲，周围共四萼；又有洒金莲、金边莲、衣钵莲、千叶莲等诸类。

又别有睡莲。〔唐〕段成式《酉阳杂俎》言：“南海有睡莲，夜则花低入水。”〔唐〕段公路《北户录》复言：“睡莲，叶如荇而大，沉于水面。其花布叶数重，凡五种色。当夏，昼开，夜缩入水底，昼复出也。”依此意，睡莲之花夜低入水，宛如夜寐，故名。又〔清〕屈大均《广东新语》亦有睡莲，与段氏所言相类，并记有民谚曰：“毋佩睡莲，使人好眠。”古人以为荷花睡莲，同类异种也，今人乃知二者非同类，相去亦远，唯其形相类。

花·今夕

Nowadays

古之荷花，又名莲花、芙蕖，今谓之莲，其学名曰*Nelumbo nucifera*，莲花乃其花也。其株为草本，根茎横生泥下，肥厚而多孔，其节缢缩，叶自节处生，圆盾状，其缘有波，其柄粗而坚挺，多生微刺。花亦自节处生，独立出水，柄与叶柄同。其花色或粉红，或淡粉，或白，清香雅致，花瓣数枚，雄蕊若金丝，甚众，花心中有莲房，即花托也。此花南北皆可见，或生河湖池沼之中，或为人栽植玩赏，始华于仲夏，而零落于孟秋。

雨中妆点望中黄

〔大暑二候〕

槐花

小时候我所知道的槐花，并不是真正的槐花。记得小孩子喜欢的槐花，是在谷雨之后开放，那么应当是刺槐了，也称洋槐。古代所谓的正统的槐，应是民间所谓的国槐，与洋槐虽是表亲，却也凛然有别。洋槐开花时，小孩子收集鲜嫩花朵，长辈则把那些花，做成吃食，我家是与面同蒸，蘸了蒜汁来吃，别家也有其他吃法。洋槐外来，并不是传统的槐，反而更得人心一些。

国槐就相对无趣。除了春日里树枝上会落下许多名叫“吊死鬼”的虫子——如今说来应是槐尺蠖——国槐似乎一直默默无闻。虽然也开花，但一来不能食用，二来在暑热时节绽放，那时人们已没心思赏花了。国槐的花也不甚美艳，支支棱棱，小花又会纷纷坠地，委实乏善可陈。

对槐花的畏惧，则源于我小时候读过的一则故事。大约是说，孙思邈年轻时，寄宿姐姐姐夫家，姐夫瞧不起他的医术，姐姐便瞒着孙思邈，想要装病再被假装治好，使孙思邈博得姐夫的好感。然而姐姐装病的法子，则是用槐花槐叶槐角浸泡的汁水，把自己洗得一身黄色，孙思邈见状大哭。姐姐不解，说出自己是装病，孙思邈便说了句冰冷而锋利的话：“你中了槐毒，无药可治。”如今看来，这故事多半乃今人杜撰，但槐树是确然有毒的。虽然行走于树下不至于中毒，但却在我的心里头，隐约蒙上了一层阴影。而且从那时起，我便坚信：反正国槐花不能吃。

成长至今，我倒也不惧怕槐花了，只是不喜爱。如今的老旧小区里，得来不易的停车位，恰在一株槐树下。入夏，槐花渐次开放，残花也时常飘坠，逢着雨，花落扑簌，被雨水浸泡得溃烂，痕迹粘在车上，若要擦去，需费一番力气。这叫人，怎么才能爱上槐花呢？

花·史话
History

槐花之名，由树而来。〔汉〕许慎《说文解字》曰：“槐，木也，从木，鬼声。”故后人多言槐乃致阴之物。〔明〕谢肇淛《五杂组》言：“槐者，虚星之精，昼合夜开，故其字从鬼。”又〔宋〕罗愿《尔雅翼》记：“老槐当夏间，其上忽自起火，焚烧枝叶，久血为燐，所谓极阴生阳者也。”今知昼合夜开，非槐也，度槐之名自鬼出，以其树下极阴，可通鬼事之故。

依〔汉〕《春秋元命苞》之说：“槐之言归也，古者树槐，听讼其下者，使情归实也。”肇淛亦曰：“槐之从鬼，或为归耳？”其由终无定论。又〔明〕李时珍言：“槐言怀也，怀来人于此也。”并引〔宋〕王安石之说：“槐，黄中怀其美。”以为槐之名由怀而来，《尔雅》有櫰，其字与怀同，乃槐之大叶而黑者。

《周礼·秋官》言：“面三槐，三公位焉。”〔宋〕王与之《周礼订义》释曰：“槐之为物，其华黄，其实元，其文在中坤。大臣之位，以黄裳为元吉，故取其黄。论道佐王，欲其入道之妙，故取其元。阴虽有美，含之以从王事，无成而代有终，故有取于文在其中。”槐花色

黄，果作角，含子，子圆，其木有纹于中，为人臣之道，与此意同。三公者，位极人臣也。又曰："三公北面，则以答王为义，故列其位于三槐之前。"

〔宋〕范正敏《遁斋闲览》记曰："俗语有之曰：'槐花黄，举子忙。'谓槐之方花，乃进士赴举之时。而唐诗人翁承赞有诗云：'雨中妆点望中黄，勾引蝉声送夕阳，忆得当年随计吏，马蹄终日为君忙。'乃知俗语亦有所自也。"古时槐下乃三公之位，又花开即举子应试之时，故文人以槐喻得官。〔宋〕杨万里《槐阴墀》诗即言："阴作官街绿，花催举子黄。公家有三树，犹带凤池香。"

槐花夏开，非只一日，彼此绵延，可至中秋。故槐花入诗文，亦多言秋光，与秋雨相并论，一如秋雨梧桐之意。〔唐〕元稹《封书》诗曰："每书题作上都字，怅望关东无限情。寂寞此心新雨后，槐花高树晚蝉声。"

花·今夕
Nowadays

古之槐花，今谓之槐，一名国槐，其学名曰 *Sophora japonica*，槐花乃其花也。其株为乔木，茎灰褐色，纵生裂纹，叶作羽状，小叶奇数而其形长圆，花甚众，聚作圆锥状，顶生枝端。其花色或乳白，或淡黄，花形似蝶，绝类菜豆之花也。此花南北皆有，仲夏始华，而败落于秋日。

又有龙爪槐，乃槐之变型也，小大枝茎皆下垂，屈曲盘旋，绝类龙爪；又有五叶槐，一名蝴蝶槐，亦槐之变型也，小叶止一二对，聚生成簇，所谓"蝴蝶"是也。今人俗谓"槐花"者，或言刺槐，一名洋槐，此舶来之物，明时始入中土，非古之槐花也，其花聚为穗而下垂，形若紫藤，色白而有香气，枝具刺，荣于季春也。

玉簪

［大暑三候］

嫩琼飞上紫云车

花·遇见
Meeting

我自小认得玉簪，却是对那硕大的叶子印象深些。彼时邻近的楼后，有铁栅栏围起少许空地，植了一排玉簪。因着背阴，大抵其余花木不易生长吧，那些玉簪就心安理得地肥美了许多年。每每路过，总记得叶片一丛一丛，却不见花。须待到暑假，花才开放，白日也见不到花开，只有花蕾而已。隔着栅栏，闻不到花的清香，所以我不怎么在意那棒槌一样的花朵。

直至几年前，我开始收集植物的种子，才对玉簪情有独钟。洁白的花，种子却十分薄，黑纱一般，稍遇风起，便飞舞四散。仿佛花的白，与种子的黑，成了命里注定的反差，一则清纯，一则高贵，都是值得赞颂的美好。

然而如今城市里头，真正的白色玉簪，却在渐渐变少。记得从前四处栽种的都是白玉簪，却不知从哪一年起，一股脑都改种紫色的玉簪了。种类也不大一致，起初栽种的是紫萼，后来也栽紫玉簪，一度还栽了些东北玉簪——紫萼、紫玉簪、东北玉簪分别为三个不同物种。再后来，大约还有一些园艺品种。总而言之，紫色的玉簪全然没有白玉簪的气度，花开得羸弱，紫又不甚紫，稍有些媚俗之感；花稍败落，便化作狼藉挂在枝上，不若白玉簪，落便坠地，绝不拖沓。古代人也是不喜欢紫色玉簪的，因无香，何以喜欢得来呢？我家门前的绿地上，幸而还留着些白玉簪，甚好。

花·史话
History

玉簪之名，因花蕾之形而来。〔明〕王象晋《群芳谱》记曰：“未开时正如白玉搔头，簪形，开时微绽，四出，中吐黄蕊，七须环列，一

须独长，甚香而清，朝开暮卷。”所记花开之数虽误，其意可知。〔明〕李时珍亦言：“玉簪以花象命名。”

〔宋〕黄庭坚《玉簪》诗，取玉簪象形之意曰：“宴罢瑶池阿母家，嫩琼飞上紫云车。玉簪堕地无人拾，化作东南第一花。”〔金〕元好问《古乌夜啼》词亦言：“花中闲远风流，一枝秋。只枉十分清瘦不禁愁。人欲去，花无语，更迟留。记得玉人遗下玉搔头。”

古人以玉簪色白而清香，故喜植，又因入夜而开，向月幽独，乃赞玉簪为孤高之花。〔明〕李东阳《体斋西轩观玉簪花偶作》诗言：“小园纡步玉堂阴，堂下花开白玉簪。浥露余香犹带湿，出泥幽意敢辞深。冰霜自与孤高色，风雨长怀采掇心。醉后相思不相见，月庭如水正难寻。”

玉簪又有别名，曰白萼，曰季女，曰白鹤花、白仙鹤。〔明〕王世懋《花疏》记曰：“玉簪一名白鹤花，宜丛种。紫者名紫鹤，无香，可刈也。”王象晋亦言：“有紫花者，叶微狭，花小于白者。”因玉簪名白萼，故紫花者一名紫萼。白花者虽清幽，惜其唯茂于盛夏，至秋即凋，性不坚烈，故而〔明〕张谦德《瓶花谱》列玉簪为“八品二命”，草花之流而已。至若紫萼，其色不甚洁，亦无香，不堪入流也。

李时珍记玉簪之叶曰："其叶大如掌，团而有尖，叶上纹如车前叶，青白色，颇娇莹。"以其形色可堪玩赏，故未有花时，亦不失为园中点缀。

花·今夕
Nowadays

古之玉簪，即今之玉簪，又名玉簪花，其学名曰*Hosta plantaginea*。其株为草本，叶自根出，其形长圆而宽大，具长柄，花生叶丛间，数朵聚集为束，而共具一长柄。其花色白，未开时若棒，故有簪名，入夜乃绽，芬芳满溢，形若漏斗，先端裂作六数。此花野生于中原以南山林间，今南北皆栽植，荣于仲夏，入秋乃止。

又有形若玉簪而其色紫者，花稍小，而芳香不显，一曰紫玉簪，花之漏斗渐大，一曰紫萼，花之漏斗骤然扩张，此皆同归玉簪之属。又有园艺品种甚众，花色或白，或淡紫，叶亦常具条纹，今人喜栽植。

木槿

［立秋一候］

可怜荣落在朝昏

花·遇见

Meeting

我挺喜爱木槿花，在炎炎夏日里，路边的木槿，仿佛对于酷暑浑然不觉，每每遇见，都能看到满树的花朵。虽然谈不上惊艳，但总能感觉到，它们就在那里，淡然静默，不卑不亢。小时候我中意木槿的花瓣，那种质感，仿佛皱纹纸折叠出的纸花。彼时彩色的纸也不易得，皱纹纸，电光纸，仅此而已，所以皱纹纸折叠出的花朵，也是很宝贵的。

后来大约因为太过寻常了，我渐渐忽略了木槿的存在。忘了它们何时开始绽放，忘了它们怎样凋落一空。有时候，经过木槿树下，倘使未逢着清扫，凋谢的花朵，便扑簌簌地躺落满地。花依旧我行我素，兀自荣落，只是我自己的心境，有了些许变化吧。

北地并没有食用木槿花的习俗，听说南方以木槿花做菜，甚至有朋友发了菜谱过来，我是从未尝过，甚至想象不出，花的切实味道。有一年夏日，心血来潮，把槿花切了细丝，热水微焯，和着桂花蜜汁，浇在莲藕上，只可惜勉强学得了模样，却并未领会其中的精髓。最终那花朵，只是点缀罢了。

我又终于想起小时候，何以虽然喜爱木槿花，却少去木槿树下。大约那些枝叶，摸得多些，皮肤就觉得扎扎的微痒。想起古人说，小儿若弄木槿，往往会致“病痁”，不知是否与我的感受相近。想来也许木槿带有粗糙的星状毛吧，那种刺痛感，和蜀葵相似。于是木槿成了可观望而不可亵玩的花，如今想来，这样也好。

花·史话

History

木槿之名，初曰舜，一作蕣。《诗经·郑风·有女同车》言：“有女同车，颜如舜华。将翱将翔，佩玉琼琚。”〔三国吴〕陆玑《毛诗陆疏广要》释之曰："舜，一名木槿，一名榇，一名曰椵，齐鲁之间谓之王蒸。今朝生暮落者是也。"〔明〕李时珍亦释曰："此花朝开暮落，故名日及，曰槿，曰蕣，犹仅荣一瞬之义也。"木槿之花，朝开暮陨，其荣也灿，其落也速，古之槿、堇之类，皆瞬间之意，舜亦瞬也。

〔唐〕白居易《秋槿》诗中有句曰："风露飒已冷，天色亦黄昏。中庭有槿花，荣落同一晨。秋开已寂寞，夕陨何纷纷。正怜少颜色，复叹不逡巡。"荣落之语，正木槿其名由来之意。《诗经》以槿花喻女子容颜，虽其色相仿，亦有时不我待之意，红颜易逝，何必苦等耶？故〔唐〕李商隐《槿花》以之喻女子一时娇美，其诗云："风露凄凄秋景繁，可怜荣落在朝昏。未央宫里三千女，但保红颜莫保恩。"因花易落，虽娇艳，亦无高格，〔宋〕张翊《花经》仅列木槿作"九品一命"，名花之最下品也。

《庄子·逍遥游》中言："朝菌不知晦朔，蟪蛄不知春秋。"所谓"朝菌"，〔晋〕潘尼《朝菌赋》称此即木槿也。其花荣落于晨昏，不能知晓日月盈仄朔望之理。槿花虽只开得一日，然旧花凋落，新花又出，自夏及秋，绵延不绝。故而〔唐〕徐凝《夸红槿》诗曰："谁道槿花生感促，可怜相计半年红。何如桃李无多少，并打千枝一夜风。"〔宋〕张俞《朱槿花》诗句亦言："如何槿艳无终日，独倚栏干为尔羞。"

〔明〕王象晋《群芳谱》记木槿曰："花小而艳，有深红、粉红、白色、单叶、千叶之殊。”此木槿之品种也，花色形有别，而皆曰槿花。其中白木槿花，因其色素雅，花品亦与红木槿有别，古人多赞之。一如〔明〕陆深《白木槿》诗所言：“曾闻郑女咏同车，更爱丰标淡有华。欲傍莓苔横野渡，似将铅粉斗朝霞。品题从此添高价，物色仍烦筑短沙。漫道春来李能白，秋风一种玉无瑕。”

花·今夕
Nowadays

古之木槿，一名槿花，即今之木槿，其学名曰 *Hibiscus syriacus*。其株为灌木，叶略呈菱形，花独生于枝端叶腋之间。其花色或紫，或紫红，或青紫，或乳白，花瓣五数，亦有重瓣者，蕊聚为柱，生花心。此花野生于中原以南，见诸山坡、溪畔，南北各地亦多栽植，始华于仲夏，或可绵延至仲秋。

或曰依花色、花瓣之异，亦可分数品也：一曰白花单瓣木槿，色白，单瓣；一曰白花重瓣木槿，色白，重瓣；一曰粉紫重瓣木槿，色紫红，花瓣基部色红，重瓣；一曰雅致木槿，色粉红，重瓣；一曰大花木槿，色桃红，单瓣；一曰牡丹木槿，色或粉红色，或淡紫色，重瓣；一曰紫花重瓣木槿，色青紫，重瓣。

凤仙

更饶深浅四般红

[立秋二候]

记得小时候，女孩子更喜欢凤仙花。彼时很多人叫不出凤仙花的名字，却都知道指甲花。女孩子企盼着掐两朵花来，把指甲染上漂亮的颜色，却又不能鼓起勇气，跑去种花人家的围篱之下偷摘。有一次，我们一群小孩子——男生冲锋在前——终于跑去偷偷摘了几朵花，那花瓣虽有色彩，却无论如何不能鲜艳地附着在指甲上，而只有很浅淡的一点点残余。难免大失所望，但我也是到多年以后，才知道即使是古人，也讲究把凤仙花的花朵，和着叶子和白矾包裹，才能留住鲜活的颜色。

小时候和母亲一起栽种凤仙花，只消在地上播种，花总能生长得茁壮。花盆里则不然，苗或是长不大，或是永远萎靡。由此之故，我也未再刻意种过凤仙花。记得曾经小区某户人家，一楼的小篱笆里，凤仙花有着浅浅深深的颜色，煞是好看。待回到老宅去寻时，则早已不见了那小院子的踪迹，令人难免一场唏嘘。近两年，偶尔也见着成丛的凤仙花开放，果然还是要比单独一株更耐看些。

当然我更加喜爱的，还是野外的凤仙花。虽然指甲花是原产热带亚洲的花卉，我国并无野生，但其他多种野生的凤仙花，则各有各的妙处。花色更加多样，形态也更轻灵飘逸。有时获赠种子，我也尝试栽种——然而许多野生的凤仙花都喜爱潮湿的环境，需要土壤保持多水，又需阳光充足，于是我总栽种不好。倒是有一些干脆生于湿地的种类，我是很想试试看的。原本我国有那么多精巧秀丽的凤仙花种类呢！如今城市里栽种的，多是新几内亚凤仙花，大约算得上是全球通用的廉价花卉了吧。然而每每见着花坛绿地里，大肆堆放的新几内亚凤仙花，我便或多或少，要替野外那么多凤仙花抱怨两声。

花・史话
History

凤仙，俗呼为凤仙花。〔明〕李时珍言："其花头、翅、尾、足俱具，翘然如凤状，故以名之。女人采其花及叶包染指甲，其实如小桃，老则迸裂，故有指甲、急性小桃诸名。宋光宗李后讳凤，宫中呼为好女儿花。"〔明〕徐光启《农政全书》亦言："凤仙，一名小桃红，一名夹竹桃，又名海蒳，俗名染指甲草。人家园圃多种，今处处有之。苗高二尺许，叶似桃叶而旁边有细锯齿，开红花，结实形类桃样，极小，有子似萝卜子，取之易迸散，俗称急性子。"此中唯夹竹桃之名，今乃指别种花卉，非凤仙花也。

李时珍又言："此草不生虫蠹，蜂蝶亦不近。"由此之故，〔唐〕吴仁璧《凤仙花》诗言："香红嫩绿正开时，冷蝶饥蜂两不知。此际最宜何处看，朝阳初上碧梧枝。"又因〔汉〕刘向《列仙传》记曰："弄玉随凤皇飞去，故秦作凤女祠于雍宫，世有箫声。"故后人以弄玉为凤仙，即为凤仙花之花神。〔宋〕王镃《凤仙》诗依此意言："凤箫声断彩鸾来，弄玉仙游竟不回。英气至今留世上，年年化作此花开。"

凤仙花因借凤名，品性竟自高洁，虽为草花，色艳而无香，原无

傲雪清幽之品性，却被高看一等。同类草花，皆归为名花最末一品，唯凤仙花可以升格，〔宋〕张翊《花经》将之列在“七品三命”，已属殊荣。〔宋〕晏殊《金凤花》诗亦赞之曰：“九苞颜色春霞萃，丹穴威仪秀气殚。题品直须名最上，昂昂骧首倚朱栏。”

〔明〕高濂《草花谱》亦称凤仙花作金凤花，曰：“金凤花有重瓣、单瓣，红、白、粉红、紫色、浅紫，如蓝有白、瓣上生红点凝血、俗名洒金，六色。”所言者，凤仙花之诸色也。〔宋〕杨万里《金凤花》诗言其众色曰：“细看金凤小花丛，费尽司花染作工。雪色白边袍色紫，更饶深浅四般红。”

凤仙花夏日已开，初秋亦娇艳不绝。〔明〕王世懋《花疏》言：“夜落金钱、凤仙花之类，皆篱落间物也。”以为凤仙花宜藩篱，而金风起处，叶落知秋，景致与此花甚相得，故凤仙花亦常以秋花入诗文。高濂《天仙子·凤仙花》词云：“茸茸花颤秋深浅，金凤斜飞满庭院。摇弄西风故敢开，解桃愁，分杏怨。不让春光红一片。玉人松却黄金钏，绕丛攀折黄昏倦。捣向金盆色更奇，傍夜深，争笑卷。朝看玉指猩红撚。”

花·今夕
Nowadays

古之凤仙，一名凤仙花，即今之凤仙花，其学名曰 *Impatiens balsamina*。其株为草本，叶条状，似柳叶，花生叶腋间，或独生，或三两簇生，其梗下垂。其花色或红，或紫红，或粉红，或淡粉，或白，其形若栖鸟，又若风帽，头部若瓣，尾部若兜，至若兜尽，收作细长而弯曲之细管也。此花于南北多见栽植，荣于仲夏，萎于深秋。

牵牛

［立秋三候］

乞与人间向晓看

我是一直很喜爱牵牛花的。小时候在篱笆上栽种，无需刻意管护，花便径自开了，小喇叭一样，令人欣喜。记得女孩子们会随手摘了牵牛花，插在头上，装扮属于自己的美丽。只可惜那花极易萎蔫，摘下未久，便渐渐皱缩。记得彼时牵牛花极常见，绿篱之内，灌丛或者围栏上，都能寻得到。

后来我才知晓，牵牛也有不同种类。小时候常见的圆叶牵牛，实则并非自古相传的牵牛花，而是外来入侵物种。真正的牵牛是蓝色的花，叶片分裂，我却觉得圆叶牵牛的花色更丰富些，紫红色、粉色、蓝紫色、深紫色，还有白色。小时候十分珍爱一种花大而喇叭外檐白色的牵牛品种，那时我们称之为“大白边儿”，记得按物种而论，原本是当作大花牵牛来看待的。后来数种牵牛归并为同一种，“大白边儿”也和真正的牵牛合而为一了，被看作是牵牛的园艺品种之一。这是后话。连续多年，我们都会刻意存留下“大白边儿”的种子，来年播种。

我家的“大白边儿”花朵是紫红色的，而极少能见到花朵是深蓝色的“大白边儿”。我十分羡慕蓝色“大白边儿”的品种。记得有一次在德胜门外的荒野，见到几朵蓝色品种，不知何以在野地里恣意盛开。但未及收种子，那些植株就都消失不见了。平安大街路边也有人家栽种蓝色“大白边儿”，但因种子稀少，我想去摘，还被老大爷训斥来着。又过了一些年，我才知道，无论紫红色还是蓝色，“大白边儿”其实按牵牛的品种而言，都属于“覆轮系”。

近两年我开始尝试各种牵牛花的品种。“覆轮系”试过不少，大约是我最热爱的品系吧，蓝色的叫作“蓝覆轮”，总算满足了我多年的渴望。此外也试过一些日系和欧系的品种。因着如今狭小的花园条件有限，春日播种的牵牛，被刨土的麻雀糟蹋过，临近开花时，又被红蜘

蛛、白粉虱之类围攻，故而这几年的牵牛花，总是历尽坎坷。有些品种未能撑到开花，便呜呼哀哉。当然，还是欢乐更多一些。

刚刚过去的秋日，我和母亲一起将成熟的牵牛种子收集起来。“你爸说，要一点‘大白边儿’，还要紫色的那种。”紫色大花，是我今年新栽的品种“紫月”。“你爸以前都不关心种的是什么，这回不错，说明年要种了。开始感兴趣了呀！”听母亲说着关于父亲，关于花，我想，这大概就是平淡的人生之中，令人欢快的一点点涟漪。

花·史话

History

牵牛之名，〔明〕李时珍援引〔南朝梁〕陶弘景之说，释之曰：“此药始出田野人牵牛谢药，故以之名。”盖牵牛入药，颇有奇效，可令人赠牛为酬，

或曰牵牛代耕，以为酬谢；可入药者，牵牛种子是也，故而牵牛一名牵牛子。时珍又言："近人隐其名为黑丑，白者为白丑，盖以丑属牛也。"牵牛种子熟者色黑，未全熟者色黄白，故曰黑丑、白丑，二者并称，又名黑白丑、二丑。以地支配生肖，故言"丑牛"，牵牛名丑，由此之故。

牵牛攀绕而生，〔宋〕苏颂《本草图经》言："旧不着所出州土，今处处有之。二月种子，三月生苗，作藤蔓绕篱墙，高者或三二丈；其叶青，有三尖角；七月生花，微红带碧色，似鼓子花而大；八月结实，外有白皮里作球。每球内有子四五枚，如荞麦大，有三棱，有黑白二种。"又其花初开为蓝色，渐变为茜色，故而〔宋〕杨万里《牵牛花》诗曰："素罗笠顶碧罗檐，晚卸蓝裳著茜衫。望见竹篱心独喜，翩然飞上翠琼篸。"

牵牛花凌晨初绽，沐浴朝晖，〔宋〕秦观《牵牛花》诗道："银汉初移漏欲残，步虚人倚玉阑干。仙衣染得天边碧，乞与人间向晓看。”又因天上有牵牛星，与牛郎织女传说相混同，乃传牵牛花为牛郎所化，花之碧色，牛郎身上布衣也，织女所作。〔宋〕杨巽斋《牵牛花》诗言：“青青柔蔓绕修墙，刷翠成花著处芳。应是折从河鼓手，天孙斜插鬓云香。”河鼓，星宿名，牛郎星之所在；天孙，即织女也。

因牛郎织女传说之故，牵牛之赏，传为七夕最佳，时令则初秋矣，故牵牛多作秋花吟咏。如〔宋〕姜夔《咏牵牛》诗之意：“青花绿叶上疏篱，别有长条竹尾垂。老觉淡妆差有味，满身秋露立多时。”

牵牛因蔓藤之故，有攀附之嫌，故亦为君子所恶。〔宋〕苏辙《赋园中所有》组诗其八，言牵牛曰：“牵牛非佳花，走蔓入荒榛。开花荒榛上，不见细蔓身。谁剪薄素纱，浸之青蓝盆。水浅浸不尽，下余一寸银。嗟尔脆弱草，岂能凌霜晨。物性有禀受，安问秋与春。”〔宋〕张翊《花经》列牵牛为“九品一命”，花之最下品也。

花・今夕
Nowadays

古之牵牛，即今之牵牛，又名牵牛花，其学名曰 *Ipomoea nil*。其株为藤本，草质，叶裂作三数而呈掌状，基又如心形，花一二朵生叶腋间。其花色蓝，绽于清晨，愈久则其色愈转作紫红，花形如喇叭，蕊生其中。此花南北朝时即引入中土，今南北皆有，始华于孟夏，盛于夏秋之交，至季秋方歇。

今俗称“牵牛花”者，又有牵牛之近亲数种：曰圆叶牵牛者，叶心形，不分裂，其花色多样，或紫红，或粉红，或深蓝紫，或白，花形似牵牛而小；曰裂叶牵牛者，叶作三裂而愈深，其色淡蓝，花小，萼片五数而反卷；曰大花牵牛者，实则牵牛之园艺品种也，花甚大，其色常作紫红，而喇叭外沿色白。今更有园艺品类数品，其色繁多，花形亦有不似喇叭者，不能尽录焉。

紫薇

［处暑一候］

露压风欺分外斜

儿时听说紫薇叫作“痒痒树”，去挠树干，枝条就会仿佛怕痒一般，轻颤不止。我试过许多次，却从未觉得这树真个怕痒。枝条颤自然也是颤的，但似乎挠与不挠，枝叶和花朵都在径自抖动，并无差别。我期待的是挠了树干以后，一树繁花会剧烈摇曳，那才可谓名副其实。但所有遇见的紫薇，都不如同班的女同学们那样怕痒，于是觉得有些无趣。

然而紫薇的花，也是可以用来玩耍的。几个小孩子一起，收集了紫薇的花瓣，装在小盒子里，然后就可以玩结婚的游戏，把花瓣撒向空中，仿佛婚礼上的飘飞彩纸。男孩子对这游戏其实嗤之以鼻，也不愿意被硬拉去搞什么过家家的结婚。但我依稀记得，这些花瓣，算是得来容易的美好之物，因着紫薇栽种很多，花也多，就算偷偷捋一把花瓣过来，也不至于被大人抓住痛骂。况且在树下捡花瓣，也算不得难事。

大约因为见得太多，我并不觉得紫薇有多么珍贵。因着曾经一时流行的电视剧之故，说起紫薇，倒有不少人想到的是剧中人物，而非花卉。其实这花明明在路边就栽着嘛！知晓植物园里还专门有“紫薇园”，我在心里暗自思度：何以要专门设置这么一片区域呢？真个有那么多品种的紫薇？又真个有对于紫薇如痴如醉的人不成？后来知道，还真有其人。某位商业人士辗转给我打来电话，说要创建类似紫薇文化园的机构，向我咨询。只可惜我对紫薇知之甚少，没帮上什么忙。

如今城市里栽种的紫薇依然不少，无论小区绿地、公园还是路边隔离带中，总能见到紫薇花。只是当今的孩子们，大概不至于收集那些花瓣来，迎空飞撒。不不，甚至我也极少见到有孩子去挠紫薇的树干了。明明在我小时候，有不少小朋友都会去挠的来着。现在小孩子热衷去挠的，只有手机和平板电脑了。紫薇可以落得个清静，倒也不坏。

花·史话
History

紫薇之名，按〔宋〕陈景沂《全芳备祖》之言：“东坡诗注云，紫薇小而丛，其色紫，俗所谓怕痒花也。”依此意，薇者微也，言其花小，故名。〔明〕王象晋《群芳谱》曰：“紫薇，一名百日红，四五月始花，开谢接续，可至八九月，故名。一名怕痒花，人以手爪其肤，彻顶动摇，故名。”〔唐〕段成式《酉阳杂俎》记曰：“紫薇，北人呼为猴郎达树，谓其无皮，猿不能捷也。”

天上星官有紫微垣，唐开元年间，改中书省为紫微省，中书令为紫微令。以紫微与紫薇音同，乃于省中种紫薇花，故亦称紫薇省。由是之故，紫薇花有官居高位之意，又称官样花。〔唐〕白居易《紫薇花》诗曰：“丝纶阁下文书静，钟鼓楼中刻漏长。独坐黄昏谁是伴，紫薇花对紫微郎。”又〔宋〕陆游《紫薇》诗道：“钟鼓楼前官样花，谁令流落到天涯？少年妄想今除尽，但爱清樽浸晚霞。”

因有官名，紫薇乃为文人所赞。陈景沂亦有《点绛唇》词美之曰：“今古凡花，词人尚作词称庆。紫薇名盛，似得花之圣。为底时人，一曲稀流咏。花端正。花无郎病，病亦归之命。”然此花美艳一时，又翩然摇动，略失庄敬，故〔宋〕张翊《花经》列之为“六品四命”，〔明〕张谦德《瓶花谱》则列作“五品五命”，皆非一等名花。

紫薇入夏即开，至深秋不绝，绵延久矣。〔宋〕杨万里《凝露堂前紫薇花两株每自五月盛开九月乃衰》诗道：“似痴如醉弱还佳，露压风欺分外斜。谁道花无红十日，紫薇长放半年花。”然秋日紫薇，更堪怜爱，古人亦多以此意境入诗文。〔唐〕李商隐《临发崇让宅紫薇》诗道：“一树浓姿独看来，秋庭暮雨类轻埃。不先摇落应为有，已欲别离休更开。桃绥含情依露井，柳绵相忆隔章台。天涯地角同荣谢，岂要移根上苑栽。”

〔明〕王世懋《花疏》云：“紫薇有四种，红、紫、淡红、白，紫却是正色。”王象晋亦道：“紫色之外，又有红白二色，其紫带蓝焰者名翠薇。”〔清〕陈淏《花镜》记：“红紫之外，有白者，曰银薇。”诸色乃紫薇品类不同，今皆可观。

花·今夕
Nowadays

古之紫薇，即今之紫薇，其学名曰*Lagerstroemia indica*。其株或为灌木，或为小乔木，茎生云斑，其色浅深不一，而枝茎皆光滑，叶长圆，花数朵聚作圆锥状，生诸枝顶。其花色或紫红，或粉红，或青紫，或粉白，或白，花瓣六数，多褶，具长爪如细柄状，蕊甚众。此花南北皆有，仲夏始放，入秋仍不绝。

金灯

［处暑二候］

晓霞初叠赤城宫

花·遇见
Meeting

不知何故，石蒜一时成为热门植物。对的，古人所谓的金灯花，如今的大名叫石蒜。

身在北地，其实直到读大学时，我才第一次见了石蒜。诚然花开时无叶，可谓神奇，但也不过如此而已，不明白何以许多人见了这花就兴奋起来。后来才明白，是日本文化里将石蒜赋予的意义，忽而大行其道了。说这花叫作彼岸花，说这花叫作曼珠沙华，花叶不相见，有阴阳永隔之意。

说来也颇有道理。我国对于花叶不相见，看作“无义”，大概有参商永隔的味道。同样是永隔，在日本，却别有解释。加上源于释家佛经之语的曼珠沙华这个听来唬人的名字，也难怪石蒜可以成为热点。“彼岸花”的名字，最初听说，是王菲的一首歌名，后来也有一本以此命名的小说。大约从那时起，喜爱单纯“彼岸花”这三个字的人们，开始增多起来。纵使他们并不认得石蒜。

我是觉得石蒜的花，有一点太过繁复的热烈，让人难以静心观望。说精致美艳，确然也精致美艳，但我反正是从来没有想要栽种石蒜的念头。近几年，在各地植物园里，见了不同的石蒜种类，因着还有彼此杂交，区分得十分勉强。后来读书，读到唐朝人号称石蒜是“俗恶人”才喜爱栽的花，差点笑出声来。不不，我对石蒜没有偏见，之前还拍了不少照片来着，我就是笑笑罢了。

花·史话
History

金灯，一名山慈姑，一名石蒜，一名老鸦蒜，同一物也，今人以石蒜呼之。古人或以为金灯、石蒜乃二物，谬矣。按〔宋〕唐慎微《证

类本草》言：“金灯花，其根亦名石蒜。”初，古之言石蒜者，根茎团团如蒜而生山石间，皆呼此名。〔明〕刘文泰等所撰《本草品汇精要》曰：“水麻生鼎州，其根名石蒜，又名金灯花；金灯之根，亦名石蒜。或云三物共一类也。”

金灯之名，若〔唐〕王方庆《园林草木疏》言：“金灯隰生，花开累累，明艳垂条不自支。”〔明〕李时珍言：“花状如灯笼而朱色。”山慈姑、石蒜皆以根茎之形相类而名。〔唐〕段成式《酉阳杂俎》曰：“金灯，一曰九形，花叶不相见，俗恶人家种之，一名无义草。”

古人言金灯花朱色如灯，又言石蒜艳红，其色一也。〔清〕赵学敏《本草纲目拾遗》言老鸦蒜一名石蒜，详述之：“七月苗枯，中心抽茎如箭干，高尺许，茎端开花，四五成簇，六出，红如山丹。”〔清〕徐珂《清稗类钞》亦称：“石蒜，叶如蒜苗，夏尽苗枯，抽茎如箭，茎稍开花四五朵，深红六出，长瓣长须。”〔唐〕薛涛《金灯花》道：“阑边不见蘘蘘叶，砌下惟翻艳艳丛。细视欲将何物比，晓霞初叠赤城宫。”以艳红似火之花色入诗。

金灯之花虽曰“无义”，乃段氏一家之言。〔宋〕张翊《花经》列金灯作“七品三命”，其格虽不高，亦入名花之流，非所谓俗恶之花也。〔宋〕晏殊《金灯花》诗曰：“兰香爇处光犹浅，银烛烧时焰不馨。好向书生窗下种，免教辛苦更囊萤。”以金灯有灯名，当宜书生。〔宋〕杨巽斋有散句曰：“如龙化作青藜焰，宁用窗前设短檠。”〔南朝梁〕江淹更有《金灯草赋》赞之，有言曰：“乃御秋风之独秀，值秋露之余芬。出万枝而更明，冠众葩而不群。”又道：“永绪恨于君前，不遗风霜之萧瑟。藉绮帐与罗袿，信草木之愿毕。”

〔明〕高濂《草花谱》言金灯花曰：“花开一簇五朵，金灯色红，银灯色白。”〔清〕陈淏《花镜》集前人数家之言，更添新语曰：“深秋独茎直上，末分数枝，一簇五朵，正红色，光焰如金灯。又有黄金灯、粉红、紫碧、五色者。银灯色白，秃茎透出即花，俗呼为忽地笑。”所载者，石蒜诸类也，金灯乃今人所言石蒜之红花者，其余诸色，亦皆石蒜之属。今亦有忽地笑，色黄，非银灯，盖近人名实考证之误矣。

花・今夕
Nowadays

古之金灯，或泛指今之石蒜之属数种，或特指今之石蒜，抑或可指别种，非此类也。姑以今之石蒜详述之，其学名曰 *Lycoris radiata*。其株为草本，鳞茎球状，生诸土下，其叶条形，秋日花萎后叶乃生出，花数朵聚于一枝，共生长梗，出诸叶丛中。其花色鲜红，若六瓣之状，曰瓣者实非花瓣也，呼作“花被片”，此花被片皆狭长，向后反卷，边缘皱缩，雄蕊六数，稍长于花被片，雌蕊独生。此花野生于中原并以南诸地，见诸山坡、溪畔、田埂之间，孟秋乃盛放，常败落于仲秋。

又有石蒜之属诸类，乃石蒜之近亲也：曰忽地笑者，色黄，雄蕊长于花被片而伸出；曰中国石蒜者，色黄，雄蕊约略等长于花被片；曰稻草石蒜者，色乳白；曰换锦花者，色淡紫红，亦带蓝色，花形略似喇叭，无皱缩；曰长筒石蒜者，色白，花形略似喇叭，无皱缩。

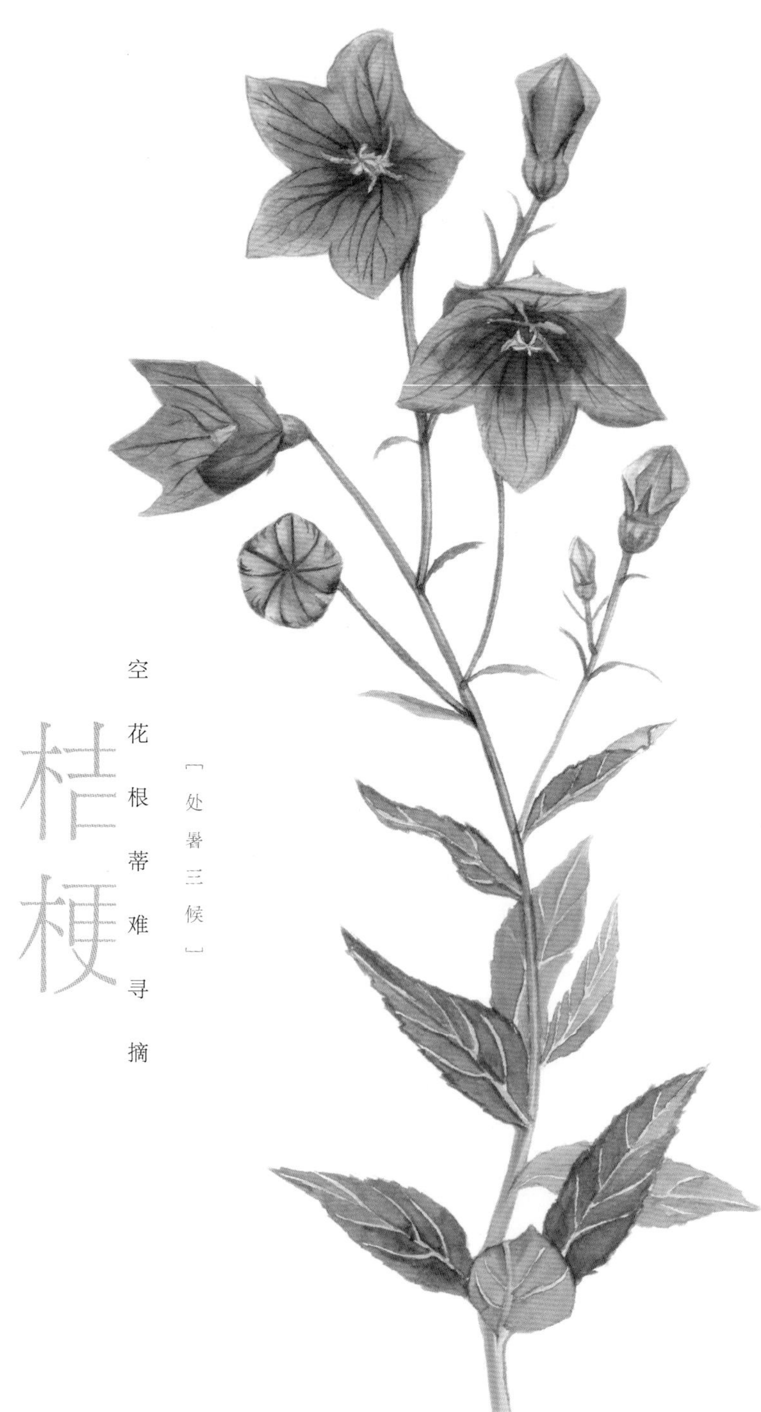

桔梗

〔处暑三候〕

空花根蒂难寻摘

初见桔梗花，是读小学时，假期跑去葫芦岛，海滨的山坡上有各色野花，那之中，最惊艳的就是桔梗。花未开时，恍若小包，开放则是深邃的紫色。后来才知道，京郊也有桔梗，只是不甚常见罢了。后来母亲带我，在楼前的栅栏内栽种桔梗，只是花色并不似山林之间那样深紫，而是变得浅淡，乃至彻底褪为白色。记得彼时还遗憾了好一阵子来着。

如今栽种的桔梗花倒是十分常见了。除却植物园，一些公园甚至绿化的花坛里，都能见到桔梗。紫色的铃铛，不再是山林中的珍奇。不知何故，对于成群拥挤在花坛里的桔梗，我却多少有些喜欢不来。觉得那紫色，应当在山间偶然绽放，才更加带着灵性吧。

我与妻尚未结婚时，她曾按照我拍的桔梗花的照片，画过一枝桔梗。彼时她并未学过画画，大约与如今小朋友们的技法在伯仲之间吧，但桔梗花的特征，却是一目了然。毕竟是极具特色的花。后来为这本书绘制插图时，再画桔梗，回想起当初的画，我们不约而同地说起：这些年的时光，倏忽之间，都流去哪里了呢？

鲜切花里也有了桔梗，是近几年我才注意到的。买过几枝，插在瓶里，却还是觉得，与其他的鲜花格格不入。记得有一次说起来，有人反驳，说，插花用桔梗很好呀，还给我发了图来。那却不是真的桔梗，大约鲜切花市场称之为洋桔梗，实则是龙胆之属了，颜色也是紫色，兀自美艳，但重叠作球状的花瓣，当然与桔梗本身的灵气不同。如今，我已多年没有在山中遇见过桔梗花了，说来，倒有些许的惦念和期待。

花·史话
History

桔梗以根入药，由是闻名，初非作赏花之用。〔明〕李时珍言：“此草之根，结实而梗直，故名。”〔明〕徐光启《农政全书》曰：“根如手指大，黄白色，春生苗，茎高尺余，叶似杏叶而长，四叶相对而生，嫩时亦可煮食。开花紫碧色，颇似牵牛花。秋后结子。”古时桔梗与诸类沙参，以花相似，根亦类同，常混作同物。或曰桔梗一名荠苨，今言荠苨，别称杏叶沙参，实非桔梗也。

《庄子·徐无鬼》中言：“药也，其实堇也，桔梗也，鸡壅也，豕零也，是时为帝者也。药有君臣，此数者，视时所宜，迭相为君。何可胜言！”桔梗既为良药，乃依庄子之说而入诗文。〔宋〕王安石《北窗》

有诗句云：“病与衰期每强扶，鸡壅桔梗亦时须。空花根蒂难寻摘，梦境烟尘费扫除。”〔宋〕苏轼《周教授索枸杞因以诗赠录呈广倅萧大夫》亦有诗句曰：“鸡壅桔梗一称帝，堇也虽尊等臣仆。时复论功不汝遗，异时谨事东篱菊。”

至明清时，桔梗花乃为人所赏，然不入流，唯作山花而携野趣矣。〔清〕震钧《天咫偶闻》组诗其一曰：“石洞飞泉一道斜，坡陀背转少人家。平冈十里无行道，开遍空山桔梗花。”更注之言：“桔梗花，山间弥望俱是，初不产水泽也。”〔清〕缪公恩《山村》诗与之同韵，曰：“细草危桥一径斜，柴门高柳是谁家。蕨羹麦饭无余事，闲看溪边桔梗花。”

花・今夕
Nowadays

古之桔梗，即今之桔梗，其学名曰 *Platycodon grandiflorus*。其株为草本，内具乳汁，根耿直，若胡萝卜状，叶卵状而长，或三四之数生一轮，或独占一轮，花常独生枝端。其花色或紫，或蓝紫，亦偶有白色者，花形似钟，先端裂作五数。此花南北皆有，或野生于山坡，或为人栽植，盛于秋日。

桂花

[白露一候]

情疏迹远只香留

花·遇见
Meeting

多年以来，我都嗅不到桂花的气味。

起初并不知晓，因着原本在北方，桂花不甚常见，所以毫无察觉。大约十年前，冬季去昆明，院子里的一树桂花，日光透过花叶，在地上留下斑驳的投影，满耳蜂声，和着微风，轻快地忙碌着。我才真正记住了桂花。然而桂花是什么味道来着？我似乎记得确有香气，但又回想不起。

后来才知道，北地栽种桂花并不是什么难事。花市上的四季桂，二三十元一盆，买来种下，虽不至于繁茂如云，却也花开不断。到底四季桂是个皮实的品种，我这里栽种的几株，纵使只是粗放地管护，也都

还算茁壮。冬季搬回屋里，家人都说，桂花的气味很明显，而我却一脸迷茫。屋子里有什么气味吗？

每每和妻一起去南方，她总是远远就能抓住桂花的踪迹。“有桂花的香味儿啊！”忽而听她赞叹，我便确信，周遭大约应有桂花了。我自是闻不到。当然靠近花枝，也是可以感受得出的，但相隔数十步就能察觉桂花的芬芳，这本事，我是无论如何学不来。

总算在编写这部书稿的冬季，某一天，我开门进屋，忽然感觉到了扑面的浓香。怎么说呢？有些黏稠，有些潮湿，像是加了清香剂洗过却忘记晾晒的衣物，里面混着久藏的蜂蜜。那味道忽而浅淡，忽而凝聚，说是香，莫不如说是甜腻，却不令人厌烦。那一瞬间，我便知道这是桂花香。从前何以没有感觉到呢？我心怀疑惑。然而第二天，我又嗅不到那气味了。桂花于我，或许是更加神秘莫测的存在吧。

花·史话
History

桂花之名，由木而来。〔宋〕范成大《桂海虞衡志》云：“凡木叶心皆一纵理，独桂有两纹，形如圭，制字者意或出此。”〔宋〕陆佃《埤雅》则言：“桂犹圭也，宣导百药，为之先聘通使，如执圭之使也。”亦取桂字从圭之意。桂花一名木犀，〔明〕王象晋《群芳谱》言：“纹理如犀，故名木犀。”后人讹为木樨，虽谬传，其意亦通。〔宋〕杨万里《栽桂》诗曰：“分得吴刚斫处林，鹅儿酒色不须深。系从犀首名千木，派列黄香字子金。衣溅蔷薇兼水麝，韵如月杵应霜砧。余芬薰入旃檀骨，从此人间有桂沈。”其“犀首”之句，言木犀纹理如犀角，此意与范成大之说类同。

《尔雅》言："梫，木桂。"或言，桂一名梫。〔明〕李时珍释之曰："尔雅谓之梫者，能侵害他木也。故《吕氏春秋》云，桂枝之下无杂木。"又有数种桂树，古人常以岩桂为桂花，别有牡桂、月桂、菌桂诸类，或为桂之属，或非也。亦有言桂花木樨，虽相近，实二种有别也。如〔清〕李调元《南越笔记》道："木樨与桂相似，而花多过之，秋深尤盛。"今人以为桂花即木犀，同物异名而已。

〔宋〕张邦基《墨庄漫录》曰："木犀花，江浙多有之，清芬沤郁，余花所不及也。一种色黄深而花大者，香尤烈；一种色白浅而花小者，香短。清晓朔风，香来鼻观，真天芬仙馥也。"桂花之香，自古既为人所赞。〔唐〕白居易《有木》诗其八，有诗句曰："有木名丹桂，四时香馥馥。花团夜雪明，叶剪春云绿。风影清似水，霜枝冷如玉。独占小山幽，不容凡鸟宿。"因桂花于八月芬芳，〔明〕袁宏道《瓶史》以之为八月花盟主，〔明〕张谦德《瓶花谱》列岩桂为"二品八命"。〔宋〕李清照《鹧鸪天》有词句云："暗淡轻黄体性柔，情疏迹远只香留。何须浅碧深红色，自是花中第一流。"

传说月宫有桂树，盛于中秋之夜。〔唐〕李商隐《月夕》有诗句曰："兔寒蟾冷桂花白，此夜姮娥应断肠。"〔宋〕吴文英《朝中措·闻桂香》词云："海东明月锁云阴，花在月中心。天外幽香轻漏，人间仙影难寻。并刀剪叶，一枝晓露，绿鬓曾簪。惟有别时难忘，冷烟疏雨秋深。"〔明〕夏时正等纂《杭州府志》记曰："月桂峰在武林山，宋僧遵式序云，天圣辛卯秋八月十五夜，月有浓华，云无纤翳，天降灵实，其繁如雨，其大如豆，其圆如珠，其色有白者黄者黑者，壳如芡实，味辛。识者曰，此月中桂子。好事者播种林下，一种即活。"故〔唐〕白居易为杭州刺史，寻月宫桂子，乃有词句曰"山寺月中寻桂子"也。

《群芳谱》又记曰："花有白者名银桂，黄者名金桂，红者名丹桂。有秋花者、春花者、四季花者、逐月花者。花四出或重台，径二三分，瓣小而圆，皮薄而不辣，不堪入药，花可入茶、酒，浸盐蜜，作香茶及面药泽发之类。"〔清〕徐珂《清稗类钞》亦言木犀道："秋日叶腋丛生小花，花冠下部连合，色有黄有白，俗称桂花。白者名银桂，黄者名金桂，香气浓厚。”今人以金桂、银桂、丹桂、四季桂诸类，皆归作桂花，品种不同而已。

花·今夕
Nowadays

古之桂花，今之正名呼作木犀，别名即桂花也，其学名曰*Osmanthus fragrans*。其株为乔木，亦有栽植作灌木状者，叶长圆，质坚实，花数朵聚于叶腋。其花色或乳白，或淡黄，或金黄，或橙红，浓香馥郁，单朵花甚小，其下部连合，上部裂作四数。此花野生于西南山林间，今各地皆栽植，常绽于秋日，而盛放于仲秋。

依花色之别，亦可分作诸类品系：曰丹桂者，色橙红；曰金桂者，色金黄；曰银桂者，色乳白；曰四季桂者，色或乳白，或淡黄，四季皆华。凡一品系之下，又有数般品种，不能尽录焉。

剪秋罗

仙人霞帔何烦染

［白露二候］

直到读大学时，植物野外实习，我才听闻了剪秋罗的名字。实习去京郊山间，记得确然有一种花，叫作“大花剪秋罗”，我们便戏谑呼之作“大花剪秋裤”。那花实则在林间也不甚多，偶尔遇到三五株而已，花色却是令人沉醉的艳红。立秋之后的山中，似乎少有如此热烈的色彩，大约只有山丹花的红，才可与之匹敌。

自那之后，我便难以忘却剪秋罗的名字。约莫隔上两三年，初秋时节，总能在山间遇到几株，那点点红霞，却总能惹人侧目。唯独十年前的夏日，跑去长白山，林道上的大花剪秋罗稍多些，行走时间或能遇到几棵，不至于如惊鸿一瞥，匆匆擦肩便无缘再见。彼时我在想着，如此热烈的花，何以不种来观赏呢？

后来才知道，林间的剪秋罗，栽于城市，不知何故，鲜艳的红色常会渐渐减淡。实则作为花卉栽种的，也有其他种类的剪秋罗，只是花不大，数朵堆积，失却了惊艳感。几年前在上海的植物园里，我也见了剪春罗，委实和古人画中相似，花瓣更宽大些，先端裂片浅而细碎，颜色则是橙黄色。确然不如剪秋罗耐看。何况春夏时令，开花的植物种类繁多，便是传统花卉，也忙不迭地彼此争艳，轮不到什么“剪春罗”出场。唯有秋日，黄色与蓝紫色成了主色调时，剪秋罗的艳红，才愈发珍贵起来。

今天入秋，专程去山里寻觅剪秋罗。我记得有一处，每次去找，总能遇到。岂料跑去一看，小径做了修整，林下的草丛难觅踪影，变作了供游客休憩的空场和公共卫生间。那条山路上，也挤满了旅游团带来的游客，呼朋引伴，拍照留念，大喇叭吆喝声不绝于耳。更是有人掐下山花，攥在手里，堂而皇之地挥舞。我只能徒呼奈何。

说来，我也有七八年的样子，没见过剪秋罗花了。忽而忆起，竟甚是想念。

花·史话
History

剪秋罗一名剪罗花，依花开时令不同，有春秋二类。〔明〕高濂《草花谱》言剪秋罗曰：“花有五种，春夏秋冬罗以时名也。春夏二罗，色黄红，不佳；独秋冬，红深色美。”〔明〕李时珍言剪春罗曰：“开花深红色，花大如钱，凡六出，周回如剪成可爱。”又记有剪红纱花。大抵花瓣如剪者，剪春罗、剪秋罗得名皆由此故。〔宋〕翁元广《剪春罗》诗句言：“谁把风刀剪薄罗，极知造化著功多。”乃知所取之意，著一剪字。

〔明〕王象晋《群芳谱》记有诸般剪罗花，其言剪秋罗曰：“剪秋罗，一名汉宫秋。色深红，花瓣分数岐，尖峭可爱。八月间开。”又记剪春罗一名剪红罗，又有剪金罗，金黄色，又别有剪罗花，色红，出南越。

剪秋罗花色娇艳，又得剪名，乃为古人喻作薄纱。〔清〕黄燮清《虞美人·剪秋罗》词曰：“磁盆略带萧疏意，染得秋如绮。猩痕点点雨中看，认是西风残泪湿齐纨。苏娘机杼回文倦，移近帘栊玩。一丝丝织可怜红，

输与西纱裙上绣芙蓉。”红纱罗裙者，唯女子所着，故此花又可指红颜。〔清〕陆求可《木兰花令·剪秋罗》词言：“绿叶丛丛春意浅，也算芳菲开一遍。花如散掷紫金钱，易入时人轻薄眼。妖红小小疑桃脸，雨点风摇最娇艳。凭君唤作剪秋罗，试问秋罗谁为剪。”

剪秋罗本作草花，初少人赞，后因有艳色，明清乃为人稍爱。〔明〕陈恭尹《剪秋罗花》诗曰：“裁成天地道空高，品物流形亦太劳。小叠红牙开野萼，十分文彩付溪毛。仙人霞帔何烦染，织女机丝不待缫。莫谓化工无快剪，西风吹面利于刀。”以此花喻霞帔，已属殊荣矣。〔明〕张谦德《瓶花谱》列剪春罗、剪秋罗同为“九品一命”，最下品之草花也，勉强入流而已。

花·今夕
Nowadays

古之剪秋罗，一名剪罗花，或泛指数种，或特指今之剪秋罗，一名大花剪秋罗，其学名曰 *Lychnis fulgens*。其株为草本，茎上生节，叶长圆，两两相对，生诸节上，花数朵聚为伞房状，生诸枝顶。其花色或深红，或大红，花瓣五数，凡一瓣者皆二裂，其裂甚深入，花中又有形如花冠者，其色暗红而具流苏。此花野生于东北、华北、华中、西南等地，见诸山林间，亦有栽植者，始华于夏日，至孟秋最盛。

又有剪秋罗之属诸类，皆近亲也：曰浅裂剪秋罗者，色或橙红，或淡红，瓣虽裂，常不及半；曰皱叶剪秋罗者，一名剪夏罗，其株多生粗毛，花稍小，色红；曰剪春罗者，色橙红，瓣不甚裂，先端具齿，荣于春夏。

秋海棠

［白露三候］

满砌湿红娇欲滴

图◎中华秋海棠

花·遇见
Meeting

记得在我小时候，栽种秋海棠是一种时尚。乐于种花的大妈大婶，家里总会有一盆秋海棠，时而还会交换一下品种，折下一两枝，泡在水里，出了根，去和花友交换。只是彼时的秋海棠并非原生种类，大多是斑叶竹节秋海棠之类。花确然娇美，只是植株往往弱不禁风一般，斜倚着倒伏下去，需以架子扶持。总之有那么几年，秋海棠和君子兰、月季、吊兰、令箭荷花之类，都是极常见的盆栽。

如今则早已不复当年的繁荣，秋海棠也不再是大众所热爱的花卉了。老旧的小区里，还能见得到间或有几户人家，依然栽种秋海棠，有时扔在墙角，疏于管护，花却隐忍地开放着，虽柔弱，却不肯屈服。城市里也有许多秋海棠，大都是杂交的园艺品种，很廉价的样子，成堆地塞进花坛里，开一季之后便被换掉，不知何时又成堆栽了出来。

野生的秋海棠，其实自有柔软的倔强。约莫四五年前，我去京郊寻大片的中华秋海棠，背阴的山路上，路边花开绵延，觉得那花，并不逊色于盆栽的种类。后来在云南，在台湾，都见了一些特有的秋海棠种类，或硕壮，或柔弱，形态有异，但都不失野花的高傲。其实秋海棠除却花朵，叶子也颇有韵味，如今有些秋海棠的玩家，便是将这花栽了，当作观叶植物。只是听说，有些仅分布于狭小区域的秋海棠，被人盗挖了拿来贩卖，说来有些伤心。这些种类，其实更需要保护才是，只是我们纵然知晓这里的哀伤，却也唯有发一两声叹息罢了。古人说秋海棠是断肠草，我想，那些被大肆采挖的秋海棠，或许真个会凝结些许不可言说的血泪。

花·史话
History

秋海棠以花色若海棠，入秋花盛，由是得名，实非海棠之属也。〔唐〕贾耽《花谱》所记："有秋来着花者，名秋海棠。"〔清〕鲁曾煜《福州府志》言："秋海棠，草本，早秋即花，略似海棠。"又有别名八月春、断肠草。〔清〕周学曾《晋江县志》记曰："秋海棠一名八月春，亦名断肠草。旧传思妇坠泪所生。叶绿表红里，茎红，自下而上。一每生二花，浅红色。"

〔明〕陶宗仪《说郛》言："昔有妇人，怀人不见，恒洒泪于北墙之下。后洒处生草，其花甚媚，色如妇面，其叶正绿反红，秋开，名曰断肠花，即今秋海棠也。"〔清〕李渔《闲情偶寄》依此意曰："相传秋海棠初无是花，因女子怀人不至，涕泣洒地，遂生此花，可为断肠花。噫，同一泪也，洒之林中，即成斑竹，洒之地上，即生海棠，泪之为物神矣哉。"

秋海棠叶背有红纹，传为断肠血泪所染，故此花多寄相思并悲秋之意。

〔清〕郑抡元《高阳台·秋海棠》有词句曰："江南昨夜霜华满，算萧萧兰径，都付芳尘。倚尽雕阑，殷勤谁伴黄昏。断肠剩得娉婷影，敛娇红、欲上罗裙。"〔清〕钱洁《雨中花·秋海棠》词云："满砌湿红娇欲滴。似睡起、浑无气力。看苔藓笼香，薜萝拥翠，相映幽姿别。妒煞晓霞争艳色。奈暮雨、丝丝如织。想肠断西风，自怜冷落，未与春相识。"〔明〕张谦德《瓶花谱》列秋海棠为"四品六命"。

〔明〕王象晋《群芳谱》记秋海棠曰："一名八月春，草本，花色粉红，甚娇艳，叶绿如翠羽。此花有二种，叶下红筋者为常品，绿筋者开花更有雅趣。"今以所谓红筋者名秋海棠，绿筋者乃秋海棠之变型，曰中华秋海棠。〔明〕夏旦《药圃同春》记秋海棠栽种之法："喜阴畏日，叶秀花雅，最宜浇以便水，忌手迹，一年一发。"〔清〕汪灏《广群芳谱》则称："性好阴而恶日，一见日即瘁，喜净而恶粪。"

花·今夕

Nowadays

古之秋海棠，或泛指今之秋海棠之属数种，或特指今之秋海棠，其学名曰 *Begonia grandis*。其株为草本，叶作心形而长，其基偏斜，左右略不相称，具长柄，叶背生有紫红色脉纹。花数朵聚集，稀疏而呈伞状，稍垂头。其花色粉红，一束之上分雌雄二类，雌者作三瓣状，雄者作四瓣状。此花自中原乃至以南诸地皆有，野生于林间溪畔潮湿之地，始华于仲夏，而常盛于秋日。

又有中华秋海棠，乃秋海棠之亚种也，其株稍矮小，叶背无紫红脉纹。至若今之秋海棠诸类，凡栽植甚众者，多为舶来之物，品类繁复，不尽述矣。

图◎秋海棠

蓼花

〔秋分一候〕

夏砌绿茎秀，秋檐红穗繁

在我小时候，并不知道蓼花叫作蓼花，却一定见过那些红色的下垂的穗子。彼时民间称之为“狗尾巴红”或者“狗尾巴花”，我却不相信，因着认识狗尾草，所以当然猜测，这花应当有其他的名字。直到读大学时，才知晓这是蓼花，也才知道，蓼有许多种类，比如古时当作调味料的水蓼，或者高原上通称为“羊羔花”的圆穗蓼。

后来我去做湿地植物的调查，又认识了许多种蓼，但若说观赏，大概只有红蓼最为适宜。所谓“狗尾巴花”，也确然是红蓼的俗名。有一次跑去京郊的河畔，躲开成群的戏水儿童，我自水畔高过膝盖的草丛中，向河滩彼端走去，忽而看到水边，在茂盛的芦苇、香蒲旁边，有大片的红蓼。枝上的“狗尾巴”约略下垂，初看上去，似乎乱糟糟的一片，但看了一阵子，渐渐觉得，随风摇曳的花序，和着水流的声音，仿佛在悄然诉说着什么。

杂志上关于蓼花的稿件，为之想一个题目时，在我心里涌出了“停泊在离别的码头”。这原本是上初中时，听过的某首流行歌曲里的句子，但反正我觉得，用于蓼花，可谓恰如其分。之前看到城市里栽种的红蓼，觉得凌乱，觉得喧闹，然而有那么几年，我几乎见不到红蓼了，偶尔遇见，在堆放着杂物的荒地路边，竟有了些许故人相逢般的感怀。

花·史话
History

蓼之得名，〔明〕李时珍言：“蓼类皆高扬，故字从翏，音料，高飞貌。”然依〔当代〕夏纬瑛《植物名释札记》之说，辛辣味甚者称“熮”，入口戟刺喉舌，犹如火之灼烧，故有辛辣气味之草，乃名为“蓼”。《说文解字》亦言“蓼，辛菜”，或应依此说为宜。《尔雅》以为“蔷，虞蓼”，〔宋〕邢昺作疏言之云：“蔷，一名虞蓼，即蓼之生水泽者也。”盖蓼之种类也多矣，合而曰蓼，分而各有其名。

蓼又名龙，亦作茏，亦作游龙，《诗经·郑风·山有扶苏》之中言道：“山有桥松，隰有游龙。不见子充，乃见狡童。”或曰此诗刺郑公子忽拒齐姜之婚，所爱非人，以辛草如蓼为美物，则蓼可喻宵小之徒也。〔宋〕陆佃《埤雅》曰：“茏，红草也，《尔雅》曰红龙。古其大者蘬，一名马蓼，茎大而赤，生水泽中，高丈余。”〔明〕王圻、王思义《三才图会》记此曰：“荭草即水红也，旧不著所出州郡，云生水傍，今所在下湿地皆有之，似蓼而叶大，赤白色，高丈余。”此曰游龙、红龙、荭草者，今之红蓼也，即所谓蓼花者也。

古之蓼者虽喻宵小，然蓼花出水而生，文人或曰其性高洁。〔宋〕宋祁《蓼花》诗赞之曰：“夏砌绿茎秀，秋檐红穗繁。终然体不媚，无那对虞翻。”又因蓼花临水而开，舟船行远，码头送别，所见唯此花也，故蓼花有离别之意。〔唐〕司空图《寓居有感》诗言：“不放残年却到家，衔杯懒更问生涯。河堤往往人相送，一曲晴川隔蓼花。”

〔明〕余永麟《北窗琐语》载一故事：罗一峰夫人，善诗，因将送薛姓知州归去，一峰欲作诗以为赠，夫人亦作诗道，“今日作诗送老薛，明日作诗送老薛，秋江两岸红蓼深，都是离人眼中血”。则以红蓼喻别离，其意颇佳。

蓼花入秋最盛，亦可言秋意也。〔宋〕陆游《蓼花》诗曰：“十年诗酒客刀州，每为名花秉烛游。老作渔翁犹喜事，数枝红蓼醉清秋。”又因秋意萧索，蓼花亦有悲秋之意。〔南唐〕冯延巳《芳草渡》词道：“梧桐落，蓼花秋。烟初冷，雨才收。萧条风物正堪愁。人去后，多少恨，在心头。”

花·今夕

Nowadays

古之蓼花，或泛指数种，或特指今之红蓼，又名荭草、东方蓼，其学名曰 *Polygonum orientale*。其株为草本，叶卵状而宽大，具长柄，茎上生叶柄处有膜呈筒状。其花甚小，聚集作穗状，凡一穗皆具一柄，故穗常垂头，又诸穗再聚，疏散支棱，生诸枝端。其花色或红，或淡红，或白，一小花常作五裂。此花南北皆有，野生于河湖水畔，乃至沟边村口，亦有栽植玩赏者，初华于仲夏，而多盛于秋日。

金钱

〔秋分二候〕

露滴花梢满地金

花·遇见
Meeting

“金钱，这是什么花？”爱花的朋友问我。实则古人所谓的金钱花，就是如今的旋覆花。当然旋覆花的名字也并非家喻户晓，也许更多的人见过它的样子，只是不知道名字罢了。

我也是如此。其实在我家附近就能见得到旋覆花，但我却无力将它认出，总觉得，那就是所谓的“野菊花”之中的一种。小时候随手摘些野花，隐约记得这种夏秋开放的金黄色“野菊花”很是皮实，掐断枝茎，也不至于即刻萎蔫，花瓣不会轻易掉落，也不易蜷缩，金灿灿的一捧，很是令人放心的样子。后来做湿地调查，才知道了旋覆花的名字，自盛夏至深秋，水畔潮湿处，乃至不甚干旱的草丛里，都能见得。委实是种顽强的野花。

记得数年之前，小区楼宇之间的荒地上，野生的旋覆花在小径旁开得繁茂，入秋时分，园林工人不再剪草，花就得以自在地盛开。路过的小孩子或者老人，时而揪下几朵，新的花，过不久就会补上。就这样无人喝彩却我行我素地开了一秋。又过了三两年，某个路边的隔离带里，竟然栽满了旋覆花——想必是栽种的，拥挤着灿烂着，远远望去，一派金黄。旋覆花算是本地物种了，古时候也当作观赏花卉，这样栽种，我想，应该拍手喝彩。我很是希望将本土物种，用作园林绿化，而不必全部照搬西方的模式和种类。然而仅隔了一年，那里换了其他花草，一株旋覆花也未能留下，说来是有些心疼的。

花·史话
History

金钱，即金钱花是也，一名旋覆花。〔明〕徐光启《农政全书》记旋覆花曰：“上党田野人呼为金钱花。”又云：“开花似菊花，如铜钱大，深黄色。”此金钱花之得名也。〔宋〕寇宗奭《本草衍义》言：“花缘繁茂，圆而覆下，故曰旋覆。”《尔雅》称之为“蕧”，一名盗庚，又名戴椹，又名金沸草，又名盛椹。〔明〕李时珍言：“诸名皆因花状而命也。《尔雅》云，蕧，盗庚也，盖庚者金也，谓其夏开黄花，盗窃金气也。”

〔唐〕段成式《酉阳杂俎》中称，此花一名“毗尸沙”，记曰：“金钱花，一云本出外国，梁大同二年进来中土。梁时荆州掾属双陆，赌金钱，钱尽，以金钱花相足，鱼弘谓得花胜得钱。”〔明〕王象晋《群芳谱》言之甚详：“金钱花，一名子午花，一名夜落金钱花，予改为金榜及第花。花秋开，黄色，朵如钱，绿叶柔枝，娅娟可爱。园林草木疏云，梁大同中进自外国，今在处有之，栽磁盆中，副以小竹架，亦书室中雅玩也。”又言旋覆花一名滴滴金。

此花因有金钱之名，古人乃以金钱戏咏之。〔唐〕皮日休《金钱花》诗云：“阴阳为炭地为炉，铸出金钱不用模。莫向人间逞颜色，不知还解济贫无。”又〔宋〕谢薖《滴滴金花》诗曰：“满庭黄色抑何深，一滴梅霖一滴金。莫使贪夫来见此，闻名亦起觊觎心。”又以此花一名盗庚，庚者依五行属金，对四季为秋，入秋最盛，故此花入诗文亦言秋色。〔宋〕陈景沂《全芳备祖》引《百花集》诗曰：“秋来蔓草莫相侵，露滴花梢满地金。若入山阳丹灶里，还如松有岁寒心。”

金钱虽为草花之流，然有富贵气，可耐秋霜，因而〔宋〕张翊《花经》列之为“七品三命”，园圃之间亦多种植。〔明〕郑善夫《张子言家移旋覆草》诗言：“旋覆知名草，秋斋不住花。群芳尽摇落，此地且年华。坐领幽人意，行辞处士家。相看到霜雪，采掇辅丹沙。”

花·今夕
Nowadays

古之金钱，一名金钱花，又名旋覆，今呼作旋覆花，其学名曰 *Inula japonica*。其株为草本，叶长圆，花甚小，数朵聚集如一朵之状，宛如野菊，又排作伞房状，生诸枝顶。其花色黄，凡“一朵小菊花”者，外侧如花瓣者曰“舌状花”，内侧如花心者曰“管状花”。此花野生于东北、华北、华中、华东诸地，见于草地、路边并河湖畔湿地，今亦偶见栽植，始华于仲夏，而常盛于秋日。

碧蝉

［秋分三候］

薄翅舒青势欲飞

古人所谓的碧蝉，实则是如今的鸭跖草。

鸭跖草虽是精美的小野花，却没办法保藏——倘使将花摘下来，过不多时，天蓝色的花瓣就会萎蔫蜷曲，失却了美好的色泽和形态。故而小时候我便不摘鸭跖草，只是看看而已。实则这花极多，水沟边和楼后的阴湿之地，总能见得到。自己种花之初，我还专门采了种子，在花盆里种下，母亲却说，她不大喜欢鸭跖草，因这花太容易泛滥，其他的花盆里，要勤于拔除鸭跖草的新苗，否则总会串得到处都是。

近两年，在我自己的非常狭小的小园子里，鸭跖草果然泛滥开去。不需刻意播种，到得夏秋之交，就能看到天蓝色的花。幸而它的植株清脆，若不喜爱，拔掉就是，没有怪异的气味，也不至于扎手。我虽然喜爱这花的灵秀，但只消阳光晒过来，花便会凋萎，作为观赏，着实有些尴尬了。晒得到阳光的鸭跖草，花瓣的颜色似乎也浅淡些，背阴处生长的植株，花瓣的颜色更加深邃，那才是我最热爱的蓝色。

记得小时候，母亲告诉我，这花叫作“鸭拓草”，是把“跖”误读了。我也跟着“鸭拓草”了许多年，后来才发现，误读的人，其实很

多。因“距”字原本生僻，考证植物得名缘由时，解释起来也颇费工夫。近年来，网络上也有人浅显地以“距”字本意，来解释鸭跖草的命名，说不上对错，只是我觉得，正本清源应当是更好一些的。好在即使叫错了名字，花还是这花。古人能够用鸭跖草的花瓣染色，几年前，我也在网络上，见到有人收集鸭跖草汁液染色，贴出了图文，那感觉，极其美好。也许等我有了闲暇，也会种上一大片鸭跖草，只为秋季染一方小巾，如此想着，心里也就充满了欢愉。

花·史话
History

鸭跖草，依〔唐〕陈藏器《本草拾遗》之言：“生江东淮南平地，叶如竹，高一二尺，花深碧，有角如鸟嘴。北人呼鸡舌草，亦名鼻斫草，吴人呼为跖，跖斫声相近也。一名碧竹子，花好为色。”究其名之由来，或因“鼻斫”之故。《庄子·徐无鬼》记有“郢人之鼻斫”故事：“郢人垩慢其鼻，端若蝇翼，使匠石斫之。匠石运斤成风，听而斫之，尽垩而鼻不伤，郢人立不失容。”鸭跖草之花，略似“白垩慢鼻”之状，称“鼻斫草”可也，又因音转呼斫为跖。鸭名或因鸭鹅喜食之故，或曰鸭跖一如鸟嘴，会意而已，民间一名鸭脚草，鸭鹅踏过则生。

鸭跖草形如鸟嘴之说，〔明〕李时珍释之曰：“结角尖曲如鸟喙，实在角中，大如小豆，豆中有细子，灰黑而皱，状如蚕屎。”又言其花：“花如蛾形，两叶如翅，碧色可爱。”乃以花深碧色，茎叶似竹，有碧蝉花、碧竹子、竹叶菜诸名。因有蝉名，〔宋〕杨巽斋《碧蝉花》诗言：“扬葩簌簌傍疏篱，薄翅舒青势欲飞。几误佳人将扇扑，始知错认枉心机。”

时珍亦道：“巧匠采其花，取汁作画，色及彩羊皮灯，青碧如黛也。”民间用作染碧色之原料，称其作蓝姑草。〔宋〕董嗣杲《碧蝉儿花》诗曰：“翠蛾遗种吐纤蕤，不逐西风曳别枝。翅翅展青无体势，心心埋白有须眉。偎篱冷吐根苗处，傍路凉资雨露时。分外一般天水色，此方独许染家知。”〔南朝宋〕郑缉之《永嘉郡记》载：“青田县有草叶似竹，可染碧，名为竹青，此地所丰草，故名青田。”此即鸭跖草也。

花・今夕
Nowadays

古之碧蝉，一名碧蝉花，一作碧蝉儿，即鸭跖草是也，今名亦作鸭跖草，其学名曰 *Commelina communis*。其株为草本，叶长圆，质滑而脆，枝端有半圆而作苞叶者，呼作“总苞”，花生其间，或独立一花，或二三数，或三四数，柄挺出总苞之外。其花色蓝，形如飞蝇，其翅舒张，花瓣三数，其二生上端而大，其一生下端，小而色白，其蕊长短参差，先端或有黄粒。此花自中原乃至以东诸地皆有，野生于草丛、水畔，乃至墙角路边，始华于仲夏，至秋日仍翩跹可爱。

晓栏红翠净交阴

[寒露一候]

夹竹桃

似乎刚上小学不久，我就知晓了夹竹桃，不是因为这花的艳丽，而是知道这植物有毒。当时看《黑猫警长》的漫画，有些情节是动画片之外的：大黄狗被“一只耳”用夹竹桃毒死了，这情节印象深刻，让我无论如何难以忘怀。彼时住在靠近使馆区的位置，有那么几年，每到入秋，临近国庆节，每家大使馆的门口，都会摆出两盆夹竹桃来。木头盆，刷成绿色，铁箍箍了，夹竹桃的深碧色的叶子，和粉红色的花，在秋风中摇曳，枝叶花影之下，是大使馆门口站岗的战士。

约莫二十年后，我在北京某所中学实习，带着初中的孩子们，识别

校园植物。教学楼门口也摆着两盆夹竹桃，真个有人便要伸手去摘。我是厉声呵斥来着，言明这花有毒，却依旧有顽皮的男孩子对我说：我吃了花瓣了，怎么没毒死啊？我也只得将这群孩子赶回教室里去了。倘使我对他说，花瓣毒性较小，需折断叶片枝茎里面的白色乳汁，毒性才大，想必那孩子总要亲身尝试的。后果不堪设想。

最近几年，北方的夹竹桃却少见了些，大约终究有毒，栽种得较少了吧。在江南见到成片的夹竹桃，景观则与北方全然不同。水畔的夹竹桃团聚成荫，花开满树，美艳无方。我想，这大约才是夹竹桃原本应有的模样。实则在南方，夹竹桃春日即开，初夏繁盛，到了深秋乃至初冬，花依然在开着。我说起，夹竹桃是秋天的花卉，南方的朋友们纷纷表示不解：明明春天很好看呀！明明夏天也很好看呀！我却按照小时候的思维模式，固执地认为，国庆前后，正是观赏夹竹桃的时节，故而将它的花信，也放在秋日了。身在北方的朋友，倒确然有人和我的感受相似。说来，倒是有些对不起夹竹桃的。

夹竹桃之名，原指凤仙花而言，以其叶似竹叶，花色如桃，故名急性小桃，非今之夹竹桃也。唐宋时，夹竹桃自海外入，中原始知，明清乃多见栽种。初亦有他名，曰枸那异、拘那夷、拘拿儿，或音相近而写作他字，皆由古印度夹竹桃之名kaner而来。〔清〕陈淏《花镜》言：“夹竹桃，本名枸那，自岭南来。夏间开淡红花，五瓣，长筒，微尖，一朵约数十萼，至深秋犹有之。因其花似桃，叶似竹，故是得名，非真桃也。”

〔清〕周学曾《晋江县志》曰：“夹竹桃名俱那异，亦名俱那卫，又名半年红。自春徂秋，相续开花，叶微如竹，花逼似桃，柔艳异常，此北地所无者。”以其花落而复开，数月不衰，乃名之作半年红。〔清〕屈大均《广东新语》亦言夹竹桃道：“终岁有花，其落以花不以瓣，落至二三日，犹嫣红鲜好，得水汤漾，朵朵不分。开与众花同，而落与众花异，盖花之善落者也。故又曰地开桃，似落于地而始开然。”

夹竹桃兼竹与桃花之品性，故持节刚毅如君子，娇美绚烂似佳人，初入中原，为人褒赞有加，更以之喻美人君子相得。〔宋〕沈与求《夹竹桃花》诗云：“摇摇儿女花，挺挺君子操。一见适相逢，绸缪结深好。妾容似桃萼，郎心如竹枝。桃花有时谢，竹枝无时衰。春园灼灼自颜色，愿言岁晚长相随。”〔宋〕曹组《夹竹桃花》诗，以此花言爱慕之意：“晓栏红翠净交阴，风触芳葩笑不任。既有柔情慕高节，即宜同抱岁寒心。”

至明清时，桃花品格为文人所恶，以为轻薄，故夹竹桃亦由此故，失其嘉美。〔清〕李渔《闲情偶寄》曰：“夹竹桃一种，花则可取，而命名不善。以竹乃有道之士，桃则佳丽之人，道不同不相为谋，合而一之，殊觉矛盾。请易其名为生花竹，去一桃字，便觉相安。”〔民国〕郭白阳《竹间续话》亦言：“夹竹桃，一名半年红，柔艳异常，自春徂

秋，相续开花。闽谚有：‘戴花莫戴夹竹桃，做人莫做人细婆。’细婆，妾也。夹竹桃，贱也。”以夹竹桃为贱花。虽君子佳人之说仍在，或为戏谑之词，或喻相思离恨而已。〔清〕袁钧《蝶恋花·夹竹桃》词云：“一夜萧萧红雨湿，摇动微风，斜映疏帘月。不信武陵春寂寂，琅玕泪洒相思血。人面那堪经岁别，翠袖当年，曾倚修篁立。沅水湘流都可惜，无情有恨花应泣。”

夹竹桃本南花，性喜湿热。〔清〕张凤羽《招远县志》记曰：“夹竹桃，一名柳叶桃，以叶似柳也。性畏寒，必植盆中始可藏。”然明清亦多有栽种夹竹桃者，供玩赏也。〔清〕邹一桂《小山画谱》言之：“枝长叶尖，顶上分枝作花，花粉红，重台玲珑，白丝间出，花心蕊深红，极繁。”〔明〕王象晋《群芳谱》曰：“有丛生者，一本至二百余干，晨起扫落花盈斗，最为奇品。”

花·今夕
Nowadays

古之夹竹桃，即今之夹竹桃，一名欧洲夹竹桃，其学名曰 *Nerium oleander*。其株为灌木，或有生如小乔木者，内具乳汁，叶狭长，略似桃叶，而质坚厚，凌冬不凋，花数朵聚集，略稀疏，作伞状，生诸枝端。其花色或紫红，或淡粉红，花形略似漏斗，上部裂作五数，亦有重瓣者，略作花团状。此花南北各地皆栽植，生于南方者，全年皆可见花，生华东者春日始华，绵延至秋日，北方盆栽者，夏秋花最盛也。

又有夹竹桃之诸类，皆园艺品种也：若白花夹竹桃者，其色白，或单瓣，或重瓣；粉花夹竹桃者，色粉红，单瓣；亦有桃红色者、杏黄色者、橙黄色者诸品。

扶桑

[寒露二候]

灼灼朱霞射晓空

花·遇见
Meeting

我是很久以后才知道，扶桑的正式中文名应该叫作朱槿。小时候只知道它叫扶桑花，花大而艳丽，然而彼时并不喜欢红艳的大花，觉得俗气，却唯独喜爱花中间那小刷子一样的蕊。老旧的办公楼里，外婆栽种的扶桑有硕大一盆，可惜北方冬季的寒意，让这花无法尽情舒展。偶尔开一两朵花，便会有人驻足观赏。需在夏日，大盆扶桑搬到室外，才得以花开不断。但反正我一直以为，扶桑是一种珍贵的花卉了。

第一次去云南，见路边栽种的扶桑，绿篱一般，杂花一般，愤怒地生长着，无人呵护，却兀自繁茂，我才明白这花终究属于南方。后来去日本冲绳，非但看见各处都栽着扶桑花，而且植株竟有一人多高，花开得也热闹，红绿相间，虽有艳俗的嫌疑，却和湿热的海岛气候相得益彰。何以古代琉球国把扶桑花当作尊崇的花卉，我这才亲身体味。

到得我想栽种扶桑的时候，花市上，都是橙色、粉色的品种，却不见那烈日般的大红，想来是我自己也老旧了吧，竟觉得唯独那纯粹的红色，才是此花应有的光彩。寻觅许久，见了几盆红色扶桑，却是重瓣，花像吊球一般，蕊却不明显了。到底不是我想念的小刷子一般的花蕊，只得作罢。转念想来，也许这花终究属于南方，实在惦念时，可跑去南方见它，也好。

花·史话
History

扶桑一名朱槿，〔晋〕嵇含《南方草木状》曰："朱槿花，茎叶皆如桑，叶光而厚，树高止四五尺而枝叶婆娑。自二月开花至中冬即歇，其花深红色，五出，大如蜀葵，有蕊一条长于花，叶上缀金屑，日光所烁，疑若焰生。一丛之上，日开数百朵，朝开暮落，插枝即活。出高凉郡。一名赤槿，一名日及。”盖以朝开暮落之花曰槿，而其色朱红，故名朱槿。扶桑之名，依〔明〕李时珍言：“东海日出处有扶桑树，此花光艳照日，其叶似桑，因以比之。后人讹为佛桑。”

古有神木“扶桑”，传说生于汤谷，十日沐浴于此，九日居于下枝，一日居于上枝。后人言扶桑叶似桑叶，花又若朝阳之色，皆与朱槿类同，乃呼朱槿曰扶桑。〔清〕叶方蔼《朱槿花》言：“灼灼朱霞射晓空，花开花落片时中。争知海上蟠桃树，直到千年一度红。”即以传说故事入诗。

扶桑因花开艳红，故而常以花喻红颜。〔唐〕薛涛《朱槿花》诗云：“红开露脸误文君，司蒡芙蓉草绿云。造化大都排比巧，衣裳色泽总薰薰。”其花虽在岭南自春至冬皆绽，然则入秋至初冬尤多，北地栽种，往往此时正宜玩赏。故而〔唐〕李商隐《朱槿花》诗道：“莲后红何患，梅先白莫夸。才飞建章火，又落赤城霞。不卷锦步障，未登油壁车。日西相对罢，休浣向天涯。”以此花上承芙蕖，下

接寒梅，可作秋花观也。

又因南方七夕时，取朱槿供神礼佛，更兼音转，故扶桑又作佛桑。〔唐〕刘恂《岭表录异》记曰："岭表朱槿花，茎叶者如桑树，叶光而厚，南人谓之佛桑。"又道"俚女亦采而鬻，一钱售数十朵，若微此花红妆，无以资其色"，朱槿南方多见，乃采作簪花。〔清〕屈大均《广东新语》中有诗亦言此："佛桑亦是扶桑花，朵朵烧云如海霞。日向蛮娘髻边出，人人插得一枝斜。"更记曰，佛桑花有殷红、水红、黄、紫诸色，又道："四时有花，绕篱种之，烂熳若锦屏。白者以为蔬菜，甜美可口，女子食之尤宜。"

花・今夕
Nowadays

古之扶桑，或言神树，或言草花，言花则一名朱槿，即今之朱槿是也，其学名曰 *Hibiscus rosa-sinensis*。其株为灌木，叶卵状，花独生叶腋间，具长柄而下垂。其花色大红，栽植品种亦有粉色、玫红色、淡黄色、橙色、白色诸类，花作漏斗状，瓣五数，蕊聚为柱，甚长，伸出漏斗之外，亦有重瓣者，蕊不能见。此花南北皆栽植，南方植地上，全年皆华，北地植盆中，秋日花开最盛。

鸡冠

【寒露三候】

一枝浓艳对秋光

花·遇见
Meeting

我对鸡冠花的心情其实有些复杂。

小时候，喜欢吃鸡冠子，软软的口感，和牛皮糖有几分相似；后来听说鸡冠会富集毒素，感觉类似鹤顶红，于是不吃了，连带着对鸡冠花也有几分忌惮。另一个惨痛的记忆是，有一年秋天，收鸡冠花的种子，黑黑的小颗粒里混杂着一些植物纤维的细屑，清理的时候，扎进了手里，拔刺又不甚成功，于是我就对鸡冠花喜欢不起来了。

记得从前见的鸡冠花，都是铲形的花序，如同电视剧里沙和尚的宝杖。十几年之后，大约国庆节时，路边的盆花之间，鸡冠花都成了凤尾鸡冠，如同隆起的甜筒冰激凌，看上去总觉得哪里出了差错。这时候我才怀念起曾经的鸡冠花。去花市找寻，同样充斥着凤尾鸡冠，传统的铲状鸡冠花竟一棵也没看到。后来偶尔遇到其他形态的鸡冠花，却是圆球状的脑花形，总之并非曾经的模样了。这么着，我越发想念旧日的鸡冠花。

大约三四年前，亦在秋季，路过曾经居住的老旧小区，一户人家门口，花盆里的鸡冠花，依稀是旧模样。相遇的瞬间，在我心里头涌起了交错混杂的诸味情绪。仿佛回到多年前的秋日，我和母亲一起，剥鸡冠花的种子。铲状的花序，摸起来还约略有着肉乎乎的手感，黑色的种子劈里啪啦，掉落出来。倘使回到那一刻，我定要小心些，不再被纤维的细屑扎进手里头，想必那个收集种子的下午，也就不会因一个小男孩的哭闹而变得慌乱了吧？唯有鸡冠花，生得与那小男孩近乎同样高的鸡冠花，如今却难以寻得了。

花·史话
History

鸡冠花之名，依〔明〕李时珍言："以花状命名。"〔清〕汪灏《广群芳谱》引〔明〕《花史》之言："鸡冠花，俗名波罗奢花。"此花由古天竺入中原，初以波罗奢花名之，后因形如鸡冠，故更其名。〔清〕曾曰瑛《汀州府志》云："鸡冠，秋开，紫色如鸡冠，亦有白者。佛书谓之波罗奢。"又别名洗手花，〔宋〕袁褧《枫窗小牍》言："鸡冠花，汴京谓之洗手花，中元节前，儿童唱卖，以供祖先。"

鸡冠花因有鸡名，故文人常以戏谑之词咏之。〔宋〕杨万里《宿花斜桥见鸡冠花》诗曰："出墙那得丈高鸡，只露红冠隔锦衣。却是吴儿工料事，会稽真个不能啼。"以稽、鸡同音，引〔三国吴〕贺劭"会稽鸡，不能啼"典故，又以此鸡喻鸡冠花之鸡。秋日鸡冠花最盛，〔唐〕罗邺《鸡冠花》诗云："一枝浓艳对秋光，露滴风摇倚砌旁。晓景乍看何处似，谢家新染紫罗囊。"

因鸡冠花为草花之属，虽红艳一时，然深秋凋敝，又无清香，故品格不及名花多矣。〔宋〕张翊《花经》列之作"八品二命"。〔宋〕欧阳澈《和世弼鸡冠花》诗亦言："芳名从古号鸡冠，赭艳天然恰一般。不语宋窗何足赏，难通西谷漫劳看。倚风纵有如丹顶，遇敌应无似锦翰。空费栽培污庭砌，到头不若植芝兰。"以鸡冠花喻空言无用之当朝宵小。

鸡冠花以红色如鸡冠者最正。〔宋〕钱熙《鸡冠花》诗曰："亭亭高出竹篱间，露滴风吹血染干。学得京城梳洗样，旧罗包却绿云鬟。"其余亦有诸色。

〔明〕王象晋《群芳谱》言："有扫帚鸡冠，有扇面鸡冠，有缨络鸡冠，有深紫、浅红、纯白、浅黄四色，又有一朵而紫黄各半，名鸳鸯鸡冠，又有紫、白、粉红三色一朵者，又有一种五色者，最矮，名寿星鸡冠。扇面者以矮为佳，帚样者以高为趣。"

花·今夕
Nowadays

古之鸡冠，一名鸡冠花，即今之鸡冠花，其学名曰*Celosia cristata*。其株为草本，茎常粗大，纵生沟纹，叶卵状而长，花甚小，聚集成穗，或作鸡冠状，或作球状，沟回纵横如马脑，或作羽状，参差如焰，生诸枝顶。其花色或红，或紫红，或黄，或橙黄，亦有色白及红黄相间者。此花南北皆栽植，仲夏始华，而盛于秋日。

菊花

［霜降一候］

黄菊开时伤聚散

无论如何，我对栽培的菊花就是喜欢不来。

小时候喜欢野菊花，觉得它们精致可爱，然而栽培的肥硕的大菊花，我却不屑一顾。一是臃肿，乱糟糟的不知道好看在哪里；二是孱弱，因着花大，头重脚轻，搬出来展览的菊花们，大都需要绑在棍上，植株才不至于倒伏或者委顿。这样的菊花有什么好欣赏的呢？

看到很多古人赞美菊花的诗文，他们说菊花盛于秋季，颇有风骨，我想，那也是指和野菊近似的原始一些的菊花吧。如今看到的菊花品种，反正都如遭人豢养的水泡眼金鱼或者松狮犬，若说圆滚滚的别是一种可爱，那大约也还讲理，但风骨则谈不上。近似野菊的小朵菊花，大概通称为小菊，又是节日花坛里十分廉价的盆栽，一群挤在一起，充当群众演员。不成，我还是体味不出菊花的优雅高洁。

后来菊花这个词语本身，在网络上又被赋予了其他含义，幸而我反正不喜欢，任由人们去糟蹋，也不至于如何悲叹。许多年来，总有菊花展，我是总唯恐避之不及，直到前一年，为着写菊花，我想起，竟然没有什么像样的菊花照片，所以还是去一次菊展为好。植物园里，菊花一盆一盆，摆放在桌子上，后面衬着芦席当作背景，前面是一坨坨的硕大浑圆，矫揉造作。这几年来，我对于传统花卉的厌烦，已经大有改观，诸如月季牡丹之类，我也总算能够欣赏了，想着，也许会重新看待菊花呢？待到看这菊展，终于明了，唔，有些情绪，怕是不那么容易转变的。

花·史话

History

菊花之名，《尔雅》称之曰蘜，又名治蘠。〔宋〕陆佃《埤雅》言："《尔雅》曰蘜，治蘠，今之秋华鞠也。鞠，草有华，至此而穷焉，故谓之鞠。一曰，鞠如聚金，鞠而不落，故名鞠。"〔明〕李时珍释陆佃之义曰："菊本作蘜，从鞠，鞠，穷也。月令：九月鞠有黄华。华事至此而穷尽，故谓之蘜。"今乃简而化之，皆作菊也。又有诸名，曰节华、日精、女节、女华、女茎、更生、周盈、傅延年、阴成。

菊花诸色，而唯黄色最为人所赞。《礼记·月令》言："季秋之月，鞠有黄华。"〔汉〕郑玄注之曰："鞠色不一，而专言黄者，秋令在金，金自有五色，而黄为贵，故鞠色以黄为正也。"菊之赏，故多言黄菊，〔唐〕黄巢《不第后赋菊》诗曰："待到秋来九月八，我花开后百花杀。冲天香阵透长安，满城尽带黄金甲。"黄菊之外，亦有吟诵白菊者，盖爱其色高洁也。〔唐〕白居易《重阳席上赋白菊》诗云："满园花菊郁金黄，中有孤丛色似霜。还似今朝歌酒席，白头翁入少年场。"

菊花寒露后乃盛，秋花之最宜玩赏者是也，以其不畏秋寒，故为文人所赞。〔唐〕元稹《菊花》诗曰："秋丛绕舍似陶家，遍绕篱边日渐斜。不是花中偏爱菊，此花开尽更无花。"又因菊有清香，更添风骨，似可曰高洁之花。然〔宋〕

张翊《花经》列之为“四品六命”，概因菊花是草非木，虽不畏严寒，而不能长久也。至明时，世人爱菊日甚，〔明〕张谦德《瓶花谱》列之作“一品九命”，品性最高。

〔晋〕陶潜《饮酒》诗言：“采菊东篱下，悠然见南山。”世人以之为真爱菊者，尊为菊花花神。然菊之赏，非自陶渊明始。〔三国魏〕曹丕《与钟繇九日送菊书》，有言曰：“群木百草，无有射地而生，惟芳菊纷然独荣，非夫含乾坤之纯和，体芬芳之淑气，孰能如此。”乃知先于两晋，菊花已为人所赞。

重阳赏菊，古人多有诗文。〔唐〕孟浩然《过故人庄》诗句言：“待到重阳日，还来就菊花。”又〔唐〕杜甫《云安九日郑十八携酒陪诸公宴》诗言：“寒花开已尽，菊蕊独盈枝。旧摘人频异，轻香酒暂随。地偏初衣夹，山拥更登危。万国皆戎马，酣歌泪欲垂。”重九虽佳节，然亦多离愁别苦，故相思之意，皆托付秋菊间。〔宋〕晏几道《蝶恋花》词言：“黄菊开时伤聚散，曾记花前，共说深深愿。重见金英人未见，相思一夜天涯远。”又〔宋〕李清照《醉花阴·重九》词曰：“薄雾浓云愁永昼，瑞脑消金兽。佳节又重阳，玉枕纱厨，半夜凉初透。东篱把酒黄昏后，有暗香盈袖。莫道不消魂，帘卷西风，人比黄花瘦。”

菊花初仅以其色略分数种，无非黄菊、白菊、紫菊而已。〔唐〕李商隐《菊》诗有句云：“暗暗淡淡紫，融融冶冶黄。”至宋以降，菊乃有诸名，依〔宋〕刘蒙《菊谱》有三十六种，黄花者有胜金黄、叠金黄、太真黄、金铃菊、小金铃之类，白色者有万铃菊、莲花菊、茉莉菊、白麝香之类，杂色有佛顶菊、桃花菊、胭脂菊、紫菊之类。〔宋〕韩琦《重九席上赋金铃菊》以菊之品种为题，曰：“黄金缀菊铃，兖地独驰名。细蕊浮杯雅，香筒贮露清。风休沉夜警，雨碎入寒声。自此传仙种，秋芳冠玉京。”后多人亦著菊谱，〔明〕杨循吉《菊花百咏》记有百种菊名。

古之菊花，初言数种，皆菊之属，譬若甘菊、野菊之类，比及栽植品种甚众，则作通称也。今言菊花，与古颇相类似，其学名曰*Chrysanthemum × morifolium*，然则非一物种也，或可泛指园艺品种。其株为草本，叶裂作羽状，花甚小，聚作诸样，生枝顶。凡所言之“一朵菊花”者，外侧如花瓣者曰“舌状花”，内侧如花心者曰“管状花”，或有瓣繁而不见花心者。其花色或黄，或白，或粉，或红，乃至青绿、墨红、暗紫、鲑红诸色，其形亦繁多。此花南北皆栽植，盛于秋日。

今言玩赏之菊花者，品类极多，不可胜数，依其花形，差可分类，譬如管瓣类、直瓣类、平瓣类、匙瓣类、畸瓣类云云，一类之下，又有数形，若叠球形、璎珞形、莲座形之流，不能尽录焉。

紫茉莉

嫣红姹紫让天斜

〔霜降二候〕

紫茉莉的花，在黄昏时分便静悄悄地开放了。

小时候紫茉莉是女孩子口中的“胭脂花”，说是花瓣揉出的彩色汁液，可以涂脸或者染指甲。然而，她们通常不喜欢麻烦的染色，而是多采些花来，将喇叭状的花冠揪下，穿成一串，当作花环。男孩子们颇为不屑，要等到果实成熟，才跑去紫茉莉花下，收集黑色小球状的果子，形象地称之为“小地雷”，当作子弹乱丢乱射。

读小学二三年级时，我和母亲一起在楼下的洋槐树之间，栽种些草花。地虽贫瘠，紫茉莉却依旧长得繁盛。有一晚，我见着一个小男孩去摘别人家的花，于是上去义正词严地批评。那小男孩也颇愧疚，说是妹妹想要，才去摘的。不知何故，反正我当时对他说，摘别人家的花终归不好，若是妹妹要，还是来摘我家的花吧，于是带他去摘了些。他带回去的，就是各色的紫茉莉。多年之后，我收集了多种颜色的紫茉莉种子，栽在自家小院子里，花开时，红、黄、紫红、粉、香槟色，长筒喇叭一样的花纷纷开放。看着花，我偶尔还会想起当初那个小男孩。

只是紫茉莉委实太过繁盛了，夏日里稍未留意，便见到肥硕的枝条葱茏舒展开来，遮挡了其他花草的光线。于是在第二年，我就不再播种紫茉莉了，连同前一年自行掉落的种子发出的小苗，我也刻意去拔除。纵然如此，再到秋天，还是有一些漏网之鱼，招摇地开着花。我倒是并不气恼，看它们开放，也自欢喜。只是红色、香槟色之类的品种太过羸弱，没有播种，第二年就不见，紫红色和黄色的都很顽强。说来这些年里头，我去南方，福建、云南或者台湾，所见的都是白花的紫茉莉居多，一眼看去，倒真个和茉莉有几分相似。

我是后来才听说，紫茉莉花傍晚开放，民间也叫它晚饭花。还有南方的朋友告诉我，紫茉莉又叫洗澡花，因为差不多花开的时候，正是人们洗澡冲凉的时间。大约南北有别吧，正如在北方，深秋的紫茉莉可以开到立冬，却已是强弩之末，而南方在一年四季，都能见到紫茉莉花开不断。

紫茉莉之名，由茉莉花而来，〔清〕徐珂《清稗类钞》言："花状如漏斗，蓓蕾略似茉莉，有红紫白黄等色，颇美艳，晚开午收，俗名夜繁花。"盖以蓓蕾如茉莉，故名；或曰，花似茉莉也。〔清〕沈青崖《陕西通志》引《山阳县志》曰："紫茉莉，花形似茉莉，色紫，香不及茉莉。女人取花汁匀面，子肉雪白，作粉，冬擦面不皱人，呼胭粉花。"〔明〕高濂《草花谱》记曰："紫茉莉，草本，春间下子，早开午收，一名胭脂花，可以点唇，子有白粉，可傅面，亦有黄白二色者。"以其夜晚花开，又名夜繁花，果中白瓤可作粉，又名粉豆花、胭粉花。

紫茉莉以紫红色花者为正。〔清〕梁国治等所编《热河志》记紫茉莉曰："一名胭脂花，今所产有紫红白黄四种，并一花数色者，俗呼状元红。其红色者可渍棉为胭脂。"其色可为胭脂，故有胭脂花、状元红诸名。〔清〕吴敬梓《惜红衣·紫茉莉用白石词韵》词句有云："平康巷陌。佩解罗囊，红蕤枕相藉。奇葩恰许，掩冉芸窗北。试问雁来霜后，几度小阶巡历。只紫荆一树，何处照他颜色。"

紫茉莉明朝乃入中土，初以为奇花。〔清〕吴理为《崇祯宫词》作注云："宫中收紫茉莉，实研细蒸熟，名珍珠粉。"用以扑面，至清初此风仍盛行，故紫茉莉多植于大户。〔清〕曹雪芹《红楼梦》中"平儿理妆"一节，宝玉为之拈粉棒，道："这不是铅粉，这是紫茉莉花种，研碎了，对上料制的。"以紫茉莉粉为贵也。

然紫茉莉虽托名茉莉，微有清香，逊于茉莉多矣，文人故不爱之，以为茉莉之婢。〔清〕屈大均《广东新语》言紫茉莉："皆不如白色者香。"〔清〕爱新觉罗·弘历《紫茉莉》诗道："艳葩繁叶护苔墙，茉莉应输时世妆。独有一般怀慊防，谁知衣紫反无香。"又〔清〕宋琬作《西江月·秋花有粉茉莉者》词戏谑曰："姑射山头冰雪，仙人散作云霞。嫣红姹紫让天斜，略似文君新寡。最爱章江木本，居然压倒群葩。娇香冷蕊较争些，婢学夫人其亚。”花之品格为人诟病，故渐失宠，自宫廷及大户流落民间，为寻常人家草花矣。

古之紫茉莉，即今之紫茉莉，其学名曰 *Mirabilis jalapa*。其株为草本，根甚粗直，茎稍粗而中空，叶卵状而稍宽，花数朵，簇生于枝端。其花色多紫红，亦有明黄、橙黄、亮粉、红、白诸色，间或有杂色者，花形似喇叭，后端作细管，先端开展，稍裂作五数。此花乃美洲舶来之物，明朝乃入中土，今南北皆有，或为人栽植，或逸作野生，植于北地者夏秋盛花，见诸南国者，花或全年不绝。

曼陀罗

烟迷金钱梦，露醉木蕖妆

[霜降三候]

对曼陀罗最深刻的印象是：这种植物是臭的！

如果踩倒一株曼陀罗，或者折断一片叶子，就会闻到令人不愉快的气味，类似于旧日煤气罐里煤气泄漏的味道。小时候我偶尔也摘曼陀罗花，但委实忍受不了那种臭气，所以便渐渐绕开，不再理会了。秋季的时候，曼陀罗的果实像是狼牙棒的样子。上小学时，有一阵子迷《水浒传》，就会折了曼陀罗果来，假装自己是手持狼牙棒的好汉——霹雳火秦明。

知道曼陀罗是外来物种，我便不再心疼了，看着它们在荒地、建筑工地边，忽而被挖起或者拔除，也不至于怜惜。然而想为曼陀罗拍照的时候，我才发现，城市里的荒地，已经不多了。几年前，在即将盖起楼宇的荒地边缘，我见了一小片曼陀罗，拍照完毕，忽而见着一个小孩子，摘了许多曼陀罗的花，叼着花冠的喇叭口，似乎在吮吸花蜜。我对小孩子说，这花有毒，他只是恶毒地瞪了我一眼，一言不发地跑开了。

去南方的时候，也见了木曼陀罗，算是曼陀罗的表亲吧，花硕大，下垂，确然也值得观赏，但据说同样有构成生物入侵的案例。在台湾山中的森林游乐区，听到不同的几位导游，都把木曼陀罗说成关羽刮骨疗毒时，华佗所用的药物，这令我有点哭笑不得。曼陀罗大约是宋时进入中原，明朝才广泛被用作蒙汗药，关羽那时当然没有；况且木曼陀罗也与曼陀罗不同，并非同一物种，只是同样有毒罢了。听说在西双版纳，木曼陀罗也被说成迷药，闻一闻就会被迷晕。我自己倒是没有尝试过。

曼陀罗，其名自梵语而来。〔明〕李时珍曰：“《法华经》言，佛说法时，天雨曼陀罗花。又道家北斗有陀罗星使者，手执此花。故后人因以名花。曼陀罗，梵言杂色也。”初，曼陀罗之名，并无非特指之物也，据后人考证，一说所指乃刺桐花，亦指山茶，皆非今之曼陀罗。元明时乃特指今之曼陀罗花。

因曼陀罗自佛典出，故其花亦有佛缘。〔清〕李汝珍《镜花缘》言：“曼陀罗花，当日世尊说法，上天雨之，象主西方宁谧。”〔清〕吴省兰《十国宫词》有诗云：“香云浓郁漾帘波，台下朝昏动乐歌。后苑春开三昧宴，天花纷落曼陀罗。”依经文，取漫天飞花之意。〔清〕刘鹗《失题》诗有句曰：“情天欲海足风波，渺渺无边是爱河。引作园中功德水，一齐都种曼陀罗。”

然此物最毒，宋末始知其毒性，明时多采撷以制蒙汗药。〔元〕脱脱所著《宋史》载，宋将杜杞设计，以曼陀罗酒并伏兵诛杀蛮贼七十余人。故〔宋〕姚宽《西溪丛语》录其兄姚伯声所言“花品”曰：“曼陀罗为恶客。”李时珍以为此物可乱人心智，乃言：“相传此花笑采酿酒饮，令人笑；舞采酿酒饮，令人舞。予尝试之，饮须半酣，更令一人或笑或舞引之，乃验也。”〔明〕杨循吉《吴中故语》载：“以曼陀罗酿煮鸭，日食则痴。”

《本草纲目》又载，曼陀罗别名风儿茄，记其形曰：“春生夏长，独茎直上，高四五尺，生不旁引，绿茎碧叶，叶如茄叶。八月开白花，凡六瓣，状如牵牛花而大。攒花中坼，骈叶外包，而朝开夜合。结实圆而有丁拐，中有小子。”因其花洁白，亦有文人赞之者，〔明〕全祖望《曼陀罗赋》有句曰：“骈叶外包，有藉者袭；捧心内美，用晦而明。萧晨半开以迎曙色，薄暮瞑合以听宵征。有缟其蕊，有碧其茎，一枝挺挺，其上亭亭。”〔清〕爱新觉罗·弘历《御湖雪泛》诗云：“飘空有象白于雨，入水无形合作波。游奕似臻安养国，楼台花罩曼陀罗。”以其花色白，喻雪景可也。

又〔宋〕周师厚《洛阳花木记》载：“有千叶曼陀罗花、层台曼陀罗花。”此曼陀罗诸类也，今亦有重瓣品种，正应千叶、层台之说。〔宋〕陈与义《曼陀罗》诗道："我圃殊不俗，翠蕤敷玉房。秋风不敢吹，谓是天上香。烟迷金钱梦，露醉木藁妆。同时不同调，晓月照低昂。"当言曼陀罗秋日可堪玩赏也。

花：今夕

Nowadays

古之曼陀罗，初自佛经，或曰概无特指，或曰所言乃山茶，抑或言刺桐也。明朝以降，乃指数种，皆为今之曼陀罗之属也。姑以今之曼陀罗详述之，其学名曰*Datura stramonium*。其株为草本，叶宽条状而浅裂，不甚规整，花独生枝杈间，亦生诸叶腋。其花色白，直立问天，形如漏斗，先端裂作五数。此花乃美洲舶来之物，今南北皆有，野生于路边荒芜之地，见诸丛草乱石间，始华于夏，入秋盛而不绝。

又有色紫而单瓣者、色紫而重瓣者、色白而重瓣者，皆曼陀罗之变种也。又有曼陀罗之属诸类，皆近亲：一曰洋金花，别名白花曼陀罗，花之漏斗狭长，其色常作乳白，乃至乳黄，叶裂甚浅；一曰毛曼陀罗，株上生短毛，漏斗之管稍长，其色淡绿，檐则开张甚大，色白。

图◎曼陀罗

图◎紫花曼陀罗

图◎毛曼陀罗

木芙蓉

〔立冬一候〕

正似美人初醉著

花·遇见
Meeting

第一次见木芙蓉，是在十年前的重庆。

秋季的重庆，恰逢阴雨，湿冷得令人绝望。走在山南的小路上，绵绵的细雨中，我偶然瞥见静默的绿树丛里，有几朵硕大的花。被雨打过的木芙蓉，花虽有些委顿了，但依然是阴雨之中的一抹暖色。这样的初遇，想来十分美好，如今我依然念念不忘。后来也在晴天见过木芙蓉，娇艳而不俗气，将它看作美人脸，实在有些轻佻了。

深秋的江南我也遇见过木芙蓉。园林之间堆砌着深沉的残绿，有竹，有芭蕉，有桂树，唯独木芙蓉的花，是这些浓郁的绿色之间，能够让人触手可及的温度。我更喜爱单瓣的木芙蓉，胜过球形的重瓣类型。单瓣却不单薄，略昂首看向屋檐，望着一方围墙之间划出棱角的天空，那大约是渐冷的秋末，最让人钦佩的桀骜与孤高。

可惜北地几乎不见木芙蓉。说是拒霜花，却难耐北方的严寒，因而我能见着木芙蓉的机会并不多。记得有一年我还专门去花市上找过，然而只落得空手而归。北方栽种的芙蓉葵，倒是和木芙蓉有几分相似，但毕竟气质全然不同：芙蓉葵夏季开花，让人觉得有些傻大了，枝叶衬托不住，色彩便毫无顾忌地溢出。大约我更看中木芙蓉的木质枝干，坚挺着，才有了芙蓉花的绝色。

花·史话
History

木芙蓉有芙蓉之名，花开木上，〔明〕李时珍言："此花艳如荷花，故有芙蓉、木莲之名。"盖古人以为，芙蓉有水木之分。依〔宋〕叶梦得《石林燕语》所载："芙蓉有二种，出于水者谓之草芙蓉，出于陆者谓之木芙蓉，又名木莲。"所谓草芙蓉，即荷花也，又曰水芙蓉；木芙蓉一名地芙蓉。〔唐〕赵彦昭《秋朝木芙蓉》以二类芙蓉入诗曰："水面芙蓉秋已衰，繁条偏是著花迟。平明露滴垂红脸，似有朝愁暮落时。"

木芙蓉又名拒霜花，按《本草纲目》载："八九月始开，故名拒霜。"〔宋〕欧阳修《拒霜花》有诗句云："芳菲能几时，颜色如自爱。鲜鲜弄霜晓，袅袅含风态。"木芙蓉花开时，诸花常已枯萎，唯此花最盛，故〔宋〕苏轼《和陈述古拒霜花》诗曰："千林扫作一番黄，只有芙蓉独自芳。唤作拒霜知未称，细思却是最宜霜。"因木芙蓉有拒霜之志，深秋犹不衰，故文人以之赞烈士暮年之壮心。〔宋〕司马光《和秉国芙蓉》诗言："平昔低头避桃李，英华今发岁云秋。盛时已过浑如我，醉舞狂歌插满头。"

木芙蓉花大且艳，故用以比拟女子面庞，〔唐〕白居易《长恨歌》有"芙蓉如面柳如眉"之句，虽以芙蓉指牡丹，然木芙蓉与此意同。〔宋〕晏殊《少年游》词句言："霜华满树，兰凋蕙惨，秋艳入芙蓉。胭脂嫩脸，金黄轻蕊，犹自怨西风。"〔宋〕王安石《木芙蓉》诗以之喻美人醉妆："水边无数木芙蓉，露染燕脂色未浓。正似美人初醉著，强抬青镜欲妆慵。”

〔明〕王世懋《花疏》载木芙蓉之诸类：“大红最贵，最先开；次浅红，常种也；白最后开。有曰三醉者，一日间凡三换色，亦奇。”依〔明〕黄文星《花史》之言：“有弄色木芙蓉，一日白，二日浅红，三日黄，四日深红，比落，色紫，人号为文官花。”此花虽拒霜，颇有风骨，然艳红如美人者，品性终不甚高，故〔宋〕张翊《花经》列之作“九品一命”，名花之最下品也。〔明〕张谦德《瓶花谱》以之为“六品四命”。

花·今夕
Nowadays

古之木芙蓉，即今之木芙蓉，其学名曰 *Hibiscus mutabilis*。其株或为灌木，或为小乔木，叶卵形而宽，浅裂作五七之数，花独生叶腋间。其花初绽时色或白，或粉白，或淡紫红，后渐变作深紫红，花瓣五数，蕊聚为柱，生花心，亦有重瓣者，花形如球，蕊不见。此花中原以南多见栽植，初荣于秋日，绵延可及孟冬。

美人蕉

〔立冬二候〕

带雨红妆湿，迎风翠袖翻

花·遇见
Meeting

我一直把大花美人蕉当成美人蕉，这样过去了很多年。因小时候，城里栽种的都是大花美人蕉，于是就跟着大人，美人蕉美人蕉地叫惯了，其实并不认识真正的美人蕉。后来去南方，见了花小小的美人蕉，才知道之前一直说错。在我小时候，大花美人蕉被小孩子揪下来，撕一撕，或者叠一叠，当作头饰之类，只是偶尔为之。后来听说，有人把美人蕉的花拿来嘬蜜吃的。我其实很想试试看。

读大学时做湿地植物调查，发现大花美人蕉经常栽种于水畔，而美人蕉则似乎没那么喜湿。不知何故，我大约是不喜欢被人栽种得太过肥硕的花，却唯独对大花美人蕉情有独钟，觉得那宽大的叶子，宽大的花，放在一起，相得益彰。特别是跑去热带海岛时，诸多色彩热烈的花卉之间，看到大花美人蕉，自有种亲切感，觉得花朵的样子，像极了女孩子的头饰。

在我家附近的小公园里，遇到触手可及的美人蕉，是几年前了。大花美人蕉不结种子，而美人蕉则有种子，于是我一直等着，等种子成熟。从花开，我就时而跑去看，有小孩子要去折花枝，我还装模作样地把他们赶走。然而还是没能等到。深秋时节，花差不多落尽了，植株还在，果实未熟，但园林工人等不及，把植株整个砍断，清理一空。我有点惆怅，脑袋里突然蹦出一句，望美人兮天一方。第二年，那里却没有再度栽种美人蕉了。

花·史话
History

美人蕉，本出南国，其花深红照眼，初名红蕉。〔唐〕段成式《酉阳杂俎》记曰："南中红蕉花时，有红蝙蝠集花中，南人呼为红蝙蝠。"乃言此物非中土所有。〔宋〕苏颂《本草图经》言："花出瓣中，极繁盛，红者如火炬，谓之红蕉。”或曰，以花美艳之故，乃名美人蕉，〔唐〕白居易《东亭闲望》有诗句言“绿桂为佳客，红蕉当美人”，或即美人蕉之名由来也。

〔明〕王世懋《学圃杂疏》云：“芭蕉，惟福州美人蕉最可爱，历冬春不凋，常吐朱莲如簇。俗名艳蕉，其本矮小。”〔清〕邹一桂《小山画谱》记有美人蕉曰：“叶大而尖，如扇，层复抱梗。花丛簇干上，尖长，五出。参错不齐，如火焰，色朱红，近蒂处带黄色。圆蒂如豆，上有黑点，结实可为数珠。”因花可开月余，其色不衰，最宜玩赏。〔清〕徐珂《清稗类钞》曰：“红蕉，一名美人蕉，形似芭蕉而小，闽广多有之。花如莲蕊，叶叶递开，红赤夺目，久而不谢，名百日红。”

因借美人之名，古人咏美人蕉，常以美人比之。〔明〕皇甫汸《题美人蕉》诗曰：“带雨红妆湿，迎风翠袖翻。欲知心不卷，迟暮独无言。”又以美人蕉之名甚佳，与美人相配为宜。〔清〕顾翎《浣溪纱》词云：“鱼子衫轻无限娇。淡妆和泪湿红绡。起来无力整珠翘。铃阁翠分湘女竹，绣床香影美人蕉。冷风凄雨过花朝。”

亦因美人有红颜祸水之说，文士有不喜美人蕉者。〔清〕马清枢《台阳杂兴》诗有“芳鲜共爱美人蕉”之句，诗注云：“四时皆开，芳鲜可爱，其花国之妖姬哉。”〔清〕蒋师辙《台游日记》论此意曰：“台地菊绝少，而美人蕉触目皆是；其诸狷介者土性不宜，而芳鲜者物生易冢欤？”

然明清时，美人蕉多植于书斋，以为风雅之物。〔明〕谢肇淛《五杂组》言：“经数月不凋谢，摘置瓶中，以水渍之，亦可经一两月也。此蕉最佳，书斋中多植之。”〔清〕张湄《美人蕉》诗曰：“亭亭清影绿天居，扇暑招凉好读书。怪底弹文出修竹，美人颜色胜芙蕖。”又〔清〕多隆阿《书斋小景》诗，亦以为美人蕉宜书斋，云：“偷闲逐日理诗瓢，雅托名花慰寂寥。浓绿酣红我兼取，阶前补种美人蕉。”

又有莲蕉，依〔清〕董天工《台海见闻录》之说：“莲蕉似美人蕉，而花之大数倍，绝如莲。其花从叶中抽出，无茎，花之杪微绿，似叶。”〔清〕范咸《莲蕉》诗云：“奇花多变态，颜色红于火。风物类海南，不似莺花妥。”度此莲蕉之意，似为美人蕉之花大者，莫非今人所谓大花美人蕉乎？

图◎美人蕉

古之美人蕉，即今之美人蕉，其学名曰 *Canna indica*。其株为草本，叶卵形，甚宽大，花数朵聚作一束，生诸叶丛间。其花色红，瓣细小，甚不显著，而雄蕊作花瓣状，翩然夺目。此花乃美洲舶来之物，今南北各地皆栽植，依乡土不同，北地多荣于夏秋，南国全年皆华，冬日南行，旦见此花甚娇柔，不负美人之名也。

又有黄花美人蕉，乃美人蕉之变种，其色杏黄。又有美人蕉之属诸类，皆近亲：一曰大花美人蕉，花甚大，色有红、橙、黄、白诸类；一曰兰花美人蕉，花亦甚大，色或明黄，或橙黄，或深红，其雄蕊如瓣者必生条纹斑点；更有杂交者，花大色繁，不可尽言。

图◎大花美人蕉

青葙

［立冬三候］

隔江犹唱后庭花

花·遇见
Meeting

最初见到青葙，是在云南西双版纳。路边的杂草丛里，盛开着小火炬一样的野花。很是喜爱，以为是什么奇花异草，于是整个人卧倒在草丛里拍照。后来才知道，青葙在南方，是极其寻常的野花。

隔了多年，收到远方的朋友寄来的种子。她说，并不知道种类，只觉得种子好看，就送了我一小瓶。于是我便找了花盆，在春日里精心栽了。至盛夏，那种子成了挺立的植株，花开才知道是青葙。有一点喜出望外，原来青葙也是可以在北地生长的，只要浇足够的水，晒足够的太阳，就能看得到那些恣意张扬的小火炬。入冬，青葙的穗子依然在枝头，褪作了银白色，成了干花，风吹过，簌簌有声，别有韵味，让人舍不得剪断。就这样放到来年春天才好。

知道青葙有可能就是古时所谓的“后庭花”，觉得，这野花有一点点无辜。古人也说得不甚笃定，况且，何必把亡国的隐喻，硬是安放在

青葙头上不可呢？但对于今人，却因这层缘由，才愿意对野生的青葙多看两眼，手机拍张照片，作为谈资。青葙有时候也出现在鲜切花市场上，肥硕的一束，二三十元，插在瓶子里能看一个月。我猜，买花人想必不喜欢后庭花这名字，也不至于有人刻意把不吉祥的花摆放在家里吧。

花・史话

History

青葙，其名依〔明〕李时珍《本草纲目》之言："青葙名义未详。胡麻叶亦名青蘘，此草又多生于胡麻地中，与之同名，岂以其相似而然耶？"盖以青葙多与胡麻混生，苗又相似，故其名相类也。青葙种子入药，名青葙子。〔明〕李梴《医学入门》言："葙，囊箧也。药虽贱而治眼功大，青囊箱中不可缺也。"亦青葙得名之一说。

〔宋〕史能之《咸淳毗陵志》记曰："青葙子，又名草决明，苗高尺许，

叶细而软，花紫白色，实小似苋实。”《本草纲目》亦言：“其子明目，与决明子同功，故有草决明之名。”然李梴亦云：“黑色似苋实而扁，即野鸡冠花子，旧以子名草决明者，误也。”〔清〕爱新觉罗・弘历主持编纂之《续通志》有按云：“青葙花叶似鸡冠，嫩苗似苋，故李时珍谓之野鸡冠，又谓之鸡冠苋。”

今人言青葙，亦鸡冠花之属，谓鸡冠之花小而野生者也。〔宋〕苏辙《寓居六咏》有诗句曰：“后庭花草盛，怜汝计兴亡。”并自注云：“或言矮鸡冠即玉树后庭花。”又〔宋〕王灼《碧鸡漫志》载：“吴蜀鸡冠花有一种小者，高不过五六寸，或红，或浅红，或白，或浅白，世目曰后庭花。”依此意，则后庭花应作野鸡冠花，即青葙是也，后人亦多依此言。如〔清〕胡建伟《澎湖纪略》言鸡冠花曰：“一种称寿星鸡冠，亦有红、白二种，或云即后庭花也。本草谓坐种则矮，立种则高。盖矮者另是一种，非坐种之谓也。”

〔唐〕杜牧《泊秦淮》诗云：“烟笼寒水月笼沙，夜泊秦淮近酒家。商女不知亡国恨，隔江犹唱后庭花。”此后庭花者，所言乃南朝陈后主故事。〔唐〕魏征《隋书》记曰：“祯明初，后主作新歌，词甚哀怨，令后宫美人习而歌之。其辞曰：‘玉树后庭花，花开不复久。’时人以歌谶，此其不久兆也。”世传有后主陈叔宝《玉树后庭花》诗：“丽宇芳林对高阁，新妆艳质本倾城。映户凝娇乍不进，出帷含态笑相迎。妖姬脸似花含露，玉树流光照后庭。花开花落不长久，落红满地归寂中。”虽疑托名伪作，然其意可知。

因陈后主典故，后庭花有亡国之意。其曲调名《玉树后庭花》，讽作亡国之音。青葙花若鸡冠花状，故诗文言此，多依鸡冠而起兴。〔宋〕项安世《鸡冠后庭花同赋》诗曰：“长日鸡冠短后庭，倚风邪伫不胜情。宋宗窗畔亲曾识，陈氏宫中旧得名。尚想蹁跹啼晓意，犹疑宛转隔江声。恓惶借与非常色，染出猩红特地明。”〔宋〕杨万里《宿化斜桥见鸡冠花》诗言：“陈仓金碧夜双斜，一只今栖纪渻家。别有飞来矮人国，化成玉树后庭花。”皆以矮鸡冠花为玉树后庭花也。

然所谓后庭花者，或曰非青葙也。〔明〕鲍山《野菜博录》曰：“后庭花，一名雁来红。人家园圃多种之，叶似人苋叶，其叶中心红色，又有黄色相间。”〔明〕王世懋《学圃杂疏》言：“臭梧桐者，吴地野产，花色淡，无植之者，淮扬间成大树，花微红者，缙神家植之中庭，或云，后庭花也。”所谓臭梧桐，今曰海州常山也。此二者，与唐宋所述后庭花略似，然有异也，盖一家之言而已。今且录于此。

花·今夕
Nowadays

古之青葙，即今之青葙，一名野鸡冠花，其学名曰 *Celosia argentea*。其株为草本，叶长圆，花甚小，密聚成穗，形若短棒而挺立，具长柄。其花初绽时色或粉，或紫红，愈久则色愈白也，凡一小花，作五瓣之状，此非瓣也，呼作“花被片”。此花南北皆有，野生于荒野草丛之间，并村边路旁，生诸北地者，荣于夏秋，生诸南国者全年皆华。

茶梅

［小雪一候］

剪碎红娘舞旧衣

花·遇见
Meeting

“茶梅不是山茶花的品种之一吗？”

很多年我都是这样顺理成章地误解着。北方山茶并不多见，更不用说茶梅，所以我就长久地把茶梅和山茶混淆了。曾经在冬日的昆明植物园，去了山茶区，那里也有茶梅，是十分接近原生的品种，花小而白，于是被我轻易错过了。直到前一年初冬，跑去日本东京，见了小巷子里栽种的茶梅，枝上的新花，地下的落红，无不是加了淡奶一般轻甜的粉红色。拍了照片贴出来，我姑且囫囵地说，巷子里的山茶，我想，山茶类总不至于有错吧？然而有人却一本正经地指出，不不，这是茶梅，并非山茶。

虽然属于同一大类群，但其实是不同物种——茶梅是单独的物种，而不是山茶的品种。这么着，我才终于对茶梅有了直观印象。在不同的街巷，见了不同的茶梅，都开放得甜美而热烈。相比于正品的红山茶，茶梅的花朵更加开张，而掉落时也有所不同：茶梅花瓣纷纷落下，而山茶通常整朵花掉落在地，只消看看落花，也就能大致区分开了。

实则茶梅和山茶花，细看花朵本身也是可以区分的：茶梅的雄蕊通常彼此分离，而山茶花的雄蕊基部往往靠拢甚至合生；茶梅的雄蕊花丝黄色，山茶的雄蕊花丝白色。但无论茶梅还是山茶，都有许多栽培品种，故而凡事都不能说得太过绝对。

翻阅资料，看到一种说法是，茶梅在中国和日本可能都曾有野生，只是如今，日本栽种得更多些。不知道何以茶梅在中国渐渐失宠了呢？又一年初冬时节，我跑去杭州，赫然见到许许多多的茶梅，也有不同品种，花大些，花小些，颜色各异。这才知道，茶梅在我国的冬季，也开得有滋有味呀！通往杨公堤的路边，小株茶梅密密栽了，作为机动车与非机动车道的隔离带植物，花正开着，我俯身下去拍照。有位老大爷经过，在我身边说："啊，在拍照啊！拍茶花？不对，是拍茶梅！"等我抬头看，老大爷已悠悠然走过去了，原来茶梅是如此知名呢。

花·史话
History

茶梅是茶而非梅也，〔明〕顾起元《说略》言："茶梅，即小样粉红山茶，本名海红花，以其自十二月开至二月，与梅同时，故曰茶梅。"又名海红花。盖多物皆有"海红"名，如海棠子名海红，柑之大者亦名海红，海中贻贝别名海红，此海红花者，山茶别种也。〔宋〕陶弼《山茶》诗有句云："浅为玉茗深都胜，大曰山茶小海红。名誉漫多朋援少，年年身在雪霜中。"则山茶之花小者乃海红花，即茶梅是也。〔明〕方以智《物理小识》言山茶："又一种曰茶梅，其萼如山茶而小，凌冬不雕。"

〔明〕郎锳《七修类稿》言："世俗每云，纷纭不靖为海红花，今人不惟不知纷纭不靖之意，亦未知海红花。吾友王荫伯家有一本，即山茶花也，但朵小而花瓣不大，放开其叶，与花丛杂，蓬菘不见枝干，真可谓纷纭不靖也，自十二月开至二月。"〔清〕褚人获《坚瓠集》释其意："不见枝干，故谓纷纭不靖也。”花叶掩映，缭绕缠枝，此茶梅繁盛之貌。〔明〕刘泰《咏茶梅花》诗云：“小院犹寒未暖时，海红花发昼迟迟。半深半浅东风里，好似徐熙带雪枝。”当深得此意。

茶梅绽于冬，久艳不凋，无花之时，可堪玩赏。〔清〕陈淏《花镜》言："茶梅，非梅花也。因其开于冬月，正众芳凋谢之候，若无此花点缀一二，则子月几虚度矣。其叶似山茶而小，花如鹅眼钱而色粉红，心深黄，亦有白花者，开最耐久，望之素雅可人。"〔明〕高濂《梅花令·茶梅》词云："澹粉轻匀，微红浅带嚬。叶较茶枝更绿，花却似、与梅浑。傲霜开小春，轻霞浮翠云。最好此时花尽，喜相对、共温存。"

冬月茶梅花开，耐霜压雪，唯花色红，有娇艳之态。〔宋〕无名氏《浣溪沙·茶梅》词曰："剪碎红娘舞旧衣。汉宫妆粉满琼枝。东风来晚未曾知。颜色不同香小异，瑶台春近宴回时。宝灯相引素娥归。"品格亦坚亦柔，幸花开耐久，差可赞也，故〔明〕张谦德《瓶花谱》列之作"六品四命"。

花·今夕
Nowadays

古之茶梅，亦称海红花，即今之茶梅，其学名曰 *Camellia sasanqua*。其株或为小乔木，或为灌木，叶长圆，质坚实，凌冬不凋，花独生新枝端。其花色依品类之别，或玫红，或紫红，或粉，或白，花瓣或六七之数，或十余数，或作重瓣，凡一瓣者顶端多凹作二裂，蕊色黄而甚众。此花中原以南间或栽植，而江南尤甚，始华于孟冬，绵延可至翌年仲春也。

今之茶梅，品类甚繁，依其雄蕊散生之故，而与茶花有别。有绝类原生种者，花稍小，其色白，花瓣六七之数，略狭。栽植作玩赏者，一曰立寒，色玫红，其瓣十余数，多见栽植；一曰小玫瑰，色紫红，花娇小，重瓣，或曰此即古之"海红花"也；一曰乙女，色粉，娇小而重瓣，不见蕊；一曰绯乙女，其色或粉，或淡紫红，娇小而重瓣，不见蕊；一曰白鸽，色白，复瓣，其瓣狭长。此外又有诸类。

芭蕉

［小雪二候］

红绡半卷渐抽花

北地见不到芭蕉。记得小时候去植物园的温室，看到硕大的芭蕉叶，想起孙悟空和铁扇公主，觉得，他们果然身怀绝技，不然怎么能够挥舞得动呢？也是在温室里，第一次见了芭蕉花，下垂的一大串，顶端有肥硕厚实的“花瓣”，还有一些小香蕉一样的果子。我为世间还有如此奇怪的花而感叹。当然实则那“花瓣”应是花序上的苞片，而所见的究竟是芭蕉还是香蕉，如今早已难以考证。

去南方，陆续见了几次芭蕉花，若说花有多么美妙，也不过尔尔。倒是直到去了苏杭，见了园林里的芭蕉，枝枝叶叶，与亭台回廊相映，才终于理解了何以古人喜爱栽种芭蕉。然而直到如今，我依然分不清芭蕉和香蕉的区别。从前记得有人说，看果子，芭蕉果以三棱居多，而香蕉果则三至五棱。但这仍是不够的，用《中国植物志》去查，如何区分芭蕉和香蕉，终于落败，自认才疏学浅，难以搞明白。

去年夏天在杭州植物园里，暴雨前闷热的天气，我独自一个人，又拍了芭蕉花。那个时刻，我想，终究还是要想办法区分的吧。后来看了更多资料，姑且认为大致有些搞懂了：如今认为“香蕉”并不是一个独立物种，而应看作小果野蕉的栽培品种；小果野蕉茎绿色带黑色斑点，叶鞘和叶柄常具粉霜，芭蕉并无这些特征。只是如今栽种的香蕉品种太多，终究为分类造成了许多困难。

幸好这并不影响对芭蕉的观赏。古代人所谓的芭蕉，大概无论香蕉也好，芭蕉也罢，还有野生的野蕉，都统称为芭蕉了吧。后来在初冬的冷雨中，我看到江南依然开着花的芭蕉，寒冷和困顿，让我即刻想起，西南地区好像有肉炒芭蕉花吧？虽然尚未吃过，但何妨品尝一下呢？食花，究竟是暴殄天物还是风雅幸事，大概芭蕉本身是不会在意的吧。

花·史话
History

芭蕉之名，依〔宋〕陆佃《埤雅》之言：“蕉不落叶，一叶舒则一叶焦，故谓之蕉也。”〔明〕李时珍言：“俗谓干物为巴，巴亦焦意也。”又曰：“苴乃蕉之音转也，蜀人谓之芭苴。”是以芭蕉又名芭苴、天苴。〔晋〕嵇含《南方草木状》谓之甘蕉：“甘蕉，望之如树，株大者一围余，叶长一丈或七八尺，广尺余二尺许。花大如酒杯，形色如芙蓉，著茎末百余。子大，名为房，相连累，甜美，亦可蜜藏。根如芋魁，大者如车毂。实随华，每华一阖，各有六子，先后相次，子不俱生，花不俱落。一名芭蕉，或曰巴苴。剥其子上皮，色黄白，味似蒲萄，甜而脆，亦疗饥。”以其子食味甜美，故曰甘。盖古称之甘蕉，绝类今所谓香蕉之说也。

〔明〕顾岕《海槎余录》言：“海南芭蕉常年开花，结实有二种，一曰板蕉，大而味淡，一曰佛手蕉，小而味甜，俗呼为蕉子。”因芭蕉常绿不凋，若生南国，则花四季皆开，纵无花，叶亦可玩赏。秋冬百花零落，正宜赏芭蕉也。〔宋〕苏辙《新种芭蕉》诗曰："芭蕉移种未多时，濯濯芳茎已数围。毕竟空心何所有，攲倾大叶不胜肥。萧骚莫雨鸣山乐，狼籍秋霜脱敝衣。堂上幽人观幻久，逢人指示此身非。"

芭蕉花多紫红色，又硕大如人面，故以美人独立喻其花也。〔宋〕胡仲弓《芭蕉花》诗曰："绿蜡一株才吐焰，红绡半卷渐抽花。窗前映月人无寐，疑是银灯透碧纱。"然自古芭蕉之赏，不在其花而多在其叶也。〔宋〕张镃《菩萨蛮·芭蕉》词言："风流不把花为主，多情管定烟和雨。潇洒绿衣长，满身无限凉。文笺舒卷处，似索题诗句。莫凭小阑干，月明生夜寒。"

〔南朝宋〕卞敬宗《甘蕉赞》云："扶疏似树，质则非木。高舒垂荫，异秀延瞩。厥实惟甘，味之无足。"所赞者一则其叶，二则其实。芭蕉叶展宽大且平，题诗寄书焉，代纸帛可也。〔南朝梁〕刘令娴《题甘蕉叶示人诗》曰："夕泣已非疏，梦啼太真数。唯当夜枕知，过此无人觉。"心事托寄芭蕉叶间，有悱恻闺怨之意。〔唐〕许岷《木兰花》词亦言："江南日暖芭蕉展，美人折得亲裁剪。书成小简寄情人，临行更把轻轻撚。其中撚破相思字，却恐郎疑踪不似。若还猜妾倩人书，误了平生多少事。"以芭蕉叶书相思。〔宋〕贺铸《南歌子》词句曰："易醉扶头酒，难逢敌手棋。日长偏与睡相宜。睡起芭蕉叶上自题诗。"则以芭蕉叶寄闲情。

又因芭蕉叶大，雨落叶上，铿锵有声。〔宋〕杨万里《芭蕉雨》诗曰："芭蕉得雨便欣然，终夜作声清更妍。细声巧学蝇触纸，大声锵若山落泉。三点五点俱可听，万籁不生秋夕静。芭蕉自喜人自愁，不如西风收却雨即休。"雨打芭蕉，若于寒窗冷院，则多有凄凉之意，〔宋〕张栻《偶作》诗言："世情易变如云叶，官事无穷类海潮。退食北窗凉意满，卧听急雨打芭蕉。"〔宋〕吕本中《夜雨》诗亦道："梦短添惆怅，更深转寂寥。如何今夜雨，只是滴芭蕉。"然〔清〕徐震《美人谱》中，以雨打芭蕉为风雅事，有言："六之侯：金谷花开、画船明月、雪映珠帘、玳筵银烛、夕阳芳草、雨打芭蕉。"

古之芭蕉，泛指数种，皆今之芭蕉之属也。姑以今之芭蕉详述之，其学名曰 *Musa basjoo*。其株为草本，然高大若乔木状，唯无木质之茎，其叶条状，甚宽大，柄长而粗硕。花数朵聚集成束，束亦具柄，生叶丛间而下垂。凡一束者，具一瓣状苞片，甚宽厚，其色或黄绿，或红棕，或紫红，花实则甚小，常作黄色。此花舶来，或曰源自琉球，今中原以南多栽植，生诸南国者全年皆华。

〔小雪三候〕

故将雪质对韶光

茗花

“这个确实是茶花啊！”

十几年前，在湖南的山林间做植被调查时，遇见茶树的花。在我印象里，所谓的“茶花”应当是山茶的品种才对，红色或粉色居多，有些重瓣品种堆垒得如同大绒球一般。但这素雅的“茶花”却别有风味，虽不出众，却带着清高，偏偏花朵又微微垂下，拟歌先敛，欲笑还颦，倒耐得住仔细观赏。“这个就是茶叶那个茶的花。”导师告诉我时，我才恍然，从前确实没见过，而说它是“茶花”，亦即古人所谓的茗花，此“茶花”却并非彼“茶花”了。

后来去过许多茶园，却少见茶树开花，大抵是开花消耗养分，对采茶并无益处，茶农便将花蕾掐掉了吧。去年在海南五指山，因参加活动，去茶园里体验采茶。那里有一株老茶树，生得遒劲葱茏，少了修剪，枝杈顺其自然，颇有气概。枝上先是有些球形的花蕾，而后见到几朵新花。因在秋日，花只是初开，却带着旖旎情绪。这树所产的茶叶已不采了，只是当作吉祥物般，任由生长，故而不禁花开，我们才能得见。

后来我还是跑去了植物园里，茶树开花再无人横加干涉。问起周遭的朋友，若非家乡产茶，倒是有不少人并未见过茶树花的。明明是雅致的花朵，只栽来观赏，也很好的吧。

茗花者，即茶树之花也。〔唐〕陆羽《茶经》言：“其名一曰茶，二曰槚，三曰蔎，四曰茗，五曰荈。”〔晋〕郭璞《尔雅注》中言，早采者为茶，晚采者为茗。唯茶树多作采茶之用，而少有赏花者。〔明〕高濂《四时花纪》称：“茗花，即食茶之花，色月白而黄心，清香隐然，瓶之高斋可为清供佳品，且蕊在枝条，无不开遍。”

茗花冬月盛放，可经风雪，若备四时之需，皆有花可赏，茗花亦可入冬花之流也。〔宋〕苏辙《茶花》诗云："黄蘖春芽大麦粗，倾山倒谷采无余。久疑残枿阳和尽，尚有幽花霰雪初。耿耿清香崖菊淡，依依秀色岭梅如。经冬结子犹堪种，一亩荒园试为锄。"所咏者非红山茶，应是茗花也。

其花色白如雪，自有高洁之姿，脱俗之意。高濂《明月棹孤舟·茗花》词曰："香浮碧月花浮玉，蕊抱檀、心枝扑簌。偏傲霜寒，为怜露白，更不较开迟速。水畔依依林畔竹，自不染、些儿尘俗。待得春回，香芽抽叶，煮蟹子松烟熟。"〔宋〕白玉蟾《凝翠》有诗句言："香毬飞紫烟，茗花涌白雪。坐对松竹林，已换尘俗骨。"取其清雅之意。

茗花一作玉茗花，而与山茶花之艳红有别。〔宋〕范成大《玉茗花》诗道："折得瑶华付与谁，人间铅粉弄妆迟。直须远寄骖鸾客，鬓脚飘飘可一枝。"赞此花为仙山奇物。〔宋〕赵汝鐩《和林守玉茗花韵》，自注此花大略似白茶，有微香，其诗曰："园名金柅多奇卉，古干灵根独异常。耻与春花争俗艳，故将雪质对韶光。天葩巧削昆山片，露蕊疑含建水香。当为君侯好封植，角弓三叹誓无忘。"

花·今夕
Nowadays

古之茗花，即茶树之花，今谓之茶，其学名曰 *Camellia sinensis*，茗花即其花也。其株或为灌木，或为小乔木，叶长圆，质坚实，凌冬不凋，花或独生，或二三数，生诸叶腋。其花色白，花瓣五六之数，蕊色黄而甚众。此花野生于长江之南，见诸山林间，各地亦多栽植，始华于季秋，盛于冬日，而可绵延至翌年孟春。

枇杷

［大雪一候］

被香勾引过溪头

我一直期盼在冬日里能看到枇杷花。

记得多年前初冬，在厦门鼓浪屿的小巷子里，瞥见过一枝枇杷花，只是相隔太远，看不真切。北地冬日草木凋零，听说枇杷竟能栽活，冬季亦不落叶，于是我便想着，那是不是也能看到枇杷花了呢？寻了许久，在语言大学的宿舍楼边，才终于见了一株枇杷，过了立冬时节，花蕾生出，萌茸可爱。只是等了一冬，花蕾却依旧是花蕾，直到翌年，各类春花渐次开了，枇杷的花蕾依旧是老样子，而后渐渐凋萎了。

第二年初冬，我去江南寻枇杷花，未见花树，先嗅到花香，那是有点浓郁却又混着什么气味的香，一时又说不清。我问道，是什么香花落在地上腐朽了吗？然后转到小屋子后面，就见了一树枇杷花开。有硕大和娇小的两种蜂，或许是熊蜂和蜜蜂吧，都在花间忙碌不已。晴日里，全然想不出这已是冬季，倒是有几分像是乍暖还寒的早春。

后来才知道，北地的枇杷并非不开花，而是要看年景。若是寒流来得早些，也许便不开花了，而偏暖的秋冬，花是可以开放的。便在我最终审校本书的书稿时，又去了语言大学，偶然路过枇杷树下，竟发现花扭扭捏捏地开着。此时已过了立冬时节。“原来是可以开花的呀，错怪你了！”我在心里默念着。但北方室外的枇杷，终究结不了果子。在梅雨季节的开头，依旧是江南，我看见枝头金灿灿的枇杷果。那时候就想着，倘使搬到江南定居，屋后就栽种一株枇杷吧，四季可赏，又有浓郁的树荫，何乐而不为呢？

花·史话

History

枇杷之名，由叶而始，〔明〕李时珍引〔宋〕寇宗奭之言：“其叶形似琵琶，故名。”世人所爱，多为枇杷果也。〔唐〕李世民有《枇杷子帖》，赞之曰“嘉果珍味，独冠时新”。〔宋〕宋祁《枇杷》诗言：“有果产西裔，作花凌蚤寒。树繁碧玉叶，柯叠黄金丸。上都不可寄，咀味独长叹。”以其果形色绝类金弹子，故别名金弹。〔宋〕方岳《枇杷》诗赞之曰：“击碎珊瑚小作珠，铸成金弹蜜相扶。罗襦襟解春葱手，风露气凉冰玉肤。并世身名杨氏子，旧家门户北村卢。知音未必能知味，曾遣青衫泪湿无。”〔宋〕苏轼以为枇杷一名卢橘，所谓“卢橘杨梅次第新”，即枇杷也。或曰卢橘非枇杷，宜释为金橘，或橘之夏熟者，自古争论，莫衷一是。

枇杷初见于南国，中原不易得也，故而〔唐〕羊士谔《题枇杷树》诗曰：“珍树寒始花，氛氲九秋月。佳期若有待，芳意常无绝。”以之为珍奇。至宋乃多植，渐寻常矣。〔明〕王象晋《群芳谱》赞之曰：“相传枇杷秋萌、冬花、春实、夏熟，备四时之气，他物无与类者。”〔清〕陈淏《花镜》有记：“冬开白花，春来结子，簇结作球，微有毛，如鹅黄小李。至夏成熟，满树皆金，其味甘美。”

枇杷花发于冬日，以冬花戴雪绽放，最可玩赏。〔元〕本诚《访山居》诗句言：“阴阴林涧白日冻，空庭雪压枇杷花。”其花自开，可度元日，故〔宋〕周紫芝《十月二十日晨起见枇杷花》诗句道：“黄菊

已残秋后朵，枇杷又放隔年花。”又兼花香馥郁，招惹蜂蝶，〔宋〕张镃《新种》诗曰：“新种枇杷花便稠，被香勾引过溪头。黄蜂紫蝶都来了，先赏输渠第一筹。”

〔唐〕胡曾《寄蜀中薛涛校书》（一作王建诗）诗曰：“万里桥边女校书，枇杷花下闭门居。扫眉才子知多少，管领春风总不如。”薛涛本乐妓也，能诗文，以才情闻名，后居浣花溪畔，多植枇杷，世人乃以枇杷花下喻乐妓，呼妓中能文者作“女校书”。〔清〕纳兰性德《浣溪沙》词云：“欲问江梅瘦几分。只看愁损翠罗裙。麝篝衾冷惜余熏。可奈暮寒长倚竹，便教春好不开门。枇杷花底校书人。”为才女沈宛所作也。〔清〕蒋麟振有诗句“枇杷花下理残妆，意态风情自信芳”，为名妓赛金花所作也。俱依此意。

枇杷花浓香悠远，为冷雨打落，惹人爱怜，可寄情思。〔明〕胡奎《除夕过北寺》诗云：“岁朝万象最宜春，帖子题来醉墨新。今夜枇杷花畔雨，又添情思到诗人。”〔清〕龚自珍《清平乐》词亦有句道：“人天辛苦，恩怨谁为主。几点枇杷花下雨，葬送一春心绪。”

花·今夕
Nowadays

古之枇杷，即今之枇杷，其学名曰*Eriobotrya japonica*。其株为乔木，常具锈色绒毛，叶长圆，先端稍宽大，形若琵琶，凌冬不凋，花数朵聚作圆锥状，生诸枝顶。其花色污白，颇香馥，花瓣五数。此花自中原乃至以南诸地皆有，北方偶见，不易活矣，始华于孟冬，或可绵延至翌年孟春。

仙人掌

［大雪二候］

有触皆芒刺，无心竟坦平

从前我并不喜爱仙人掌。不不，不只是仙人掌，包括仙人球和其他有刺的各种仙人，我都喜欢不来。觉得它们的样子其实并不美好。况且我喜欢的，是能够看得出它在生长的植物，喜欢看它们发芽、长大、开花、结果。而仙人掌在北地，特别是二三十年前栽种的品种，是绝少开花的。似乎一生就是个绿饼状的刺头。

第一次见仙人掌花是在浙南。人家的院墙上栽种的仙人掌，开着硕大而鲜亮的黄花，我一下子就被这花的色彩和质地所吸引。此后在广西、海南和香港，又连续见了仙人掌开花。那时候对这种多刺植物的看法才有所改观。再后来，甚至迷上了仙人球，自己还栽种了一些，这是后话。反正不那么反感仙人掌了。

但毕竟仙人掌是有刺的植物。听说仙人掌的果实能吃，我在南方的海边，摘了一枚，想尝尝味道。岂料果实上有十分细小的刺，扎进手指头里，苦不堪言，最终用户外急救包里的针，一点一点挑出来，才算作罢。偏偏又气恼不得，只能怪自己馋嘴而已。

以前听《外婆的澎湖湾》里面唱：阳光、沙滩、海浪、仙人掌，还有一位老船长。默认这就是热带海滨风情。读大学时才了解到，仙人掌其实是外来的种类。然而并不仅仅是南方的海滨，我甚至在山西、河北的小村子里，也见过土墙上栽种仙人掌的人家。很难想象这样根深蒂固的种类，其实是不远万里前来落户的。总之，如今我心里头有些惦念，想跑去中北美那边，仙人掌和它的亲友们聚集的地方，去看看原生的各种仙人掌们。

花·史话
History

仙人掌之名，初非指草木。汉武帝造神明台，铸金铜仙人，舒掌捧铜盘玉杯，以承云表之露，取露和玉屑服之，可求仙道。铜盘曰承露盘，一名仙人掌。〔清〕侯方域《四忆堂诗集校笺》引《长安记》云："仙人掌大七围，以铜为之。魏文帝徙铜盘拆，声闻数十里。"〔宋〕苏颂《本草图经》取其名曰："仙人掌草，生合州、筠州，多于石上贴壁而生，如人掌形，故以名之。叶细而长，春生至冬犹有，四时采之。"然此仙人掌草乃草类，亦非今之仙人掌也。

今所谓仙人掌，明时方入我国，南人植之以为藩篱。借古仙人掌之名，故明清两代，诸物名实常混作一谈。〔清〕王礼《台湾县志》记曰："仙人掌，长尺余，厚寸许，尾圆，其形如掌，故名。墙边旷地多种之。图经曰贴壁而生，非也。"〔清〕唐赞衮《台阳见闻录》曰："仙人掌非草、非木，亦非果蔬；无枝、无叶、无花，上中突发一片，与手掌无异。其肤色青绿，光润可观。掌上生米色细点，每年只生一叶于顶，今岁长在左，来岁长在右。层累而上，多贴石壁生。"

因与汉武帝承露盘名同，咏仙人掌之诗文，常用此意。〔清〕柯廷第《仙人掌》诗云："恰如承露汉金茎，一树翘然数片横。赋性雅宜辞艳冶，托根原合寄蓬瀛。朝飞细雨擎珠润，夜破微云捧月明。几许芳菲羞并列，且将劲质贯时荣。”〔清〕罗运崃《豌岩有仙人掌断委草中感赋》有句曰：“不为太华擎露盘，乃在荒岩卧烟砾。”有悯怜之意。〔清〕张常《咏仙人掌》诗句云：“有触皆芒刺，无心竟坦平。”以坦荡君子之心喻之。

此物植于南国，民间多取其用也。〔清〕陈淑均《噶玛兰厅志》言：“状如人掌，无叶。枝青嫩而扁厚，有刺。其汁入目，使人失明。种田畔可以止牛践，植墙头可以辟火灾。俗一名仙巴掌。”〔清〕胡建伟《澎湖纪略》记仙人掌曰：“多贴石壁上，如人掌。人家门前屋上多植之，谓可辟邪云。”因枝茎肥厚多汁，乃取水能克火之意。〔清〕磊砢山房主人《蟫史》中有诗句曰：“仙人掌上无磷火，龙女胸中有甲兵。”即此意也。至于辟邪云云，度由避火并止牛践演绎而来。

仙人掌之实，亦可食也。〔清〕鄂尔泰等所编《云南通志》曰：“仙人掌，叶肥厚，如掌，多刺，相接成枝。花名玉英，色红黄，实似小瓜，可食。”〔清〕赵学敏《本草纲目拾遗》称其果实为“仙掌子”。〔清〕徐珂《清稗类钞》所言，与今仙人掌最似：“仙人掌为常绿灌木，产于暖地，干扁阔，有刺，色绿。夏日开花，红黄多瓣。实多毛刺，熟可食。嫩干之液，可去衣垢。”

花·今夕
Nowadays

古之仙人掌，所指或有数种，诸类混淆，一说所言乃今之仙人掌之属。姑以今之仙人掌详述之，其学名曰 *Opuntia dillenii*。其株为灌木，然茎作片状，侧扁而长圆，肉嫩多汁，故曰“掌”也，掌上又生掌，无叶而多刺，花独生刺窝中。其花色亮黄，若瓣者多枚，此非花瓣也，呼作“花被片”。此花乃美洲舶来之物，今野生于我国南方滨海之地，他处亦栽植，生南国者，夏日始华，至冬仍繁盛。

滇芋

［大雪三候］

碧云幢下分明见

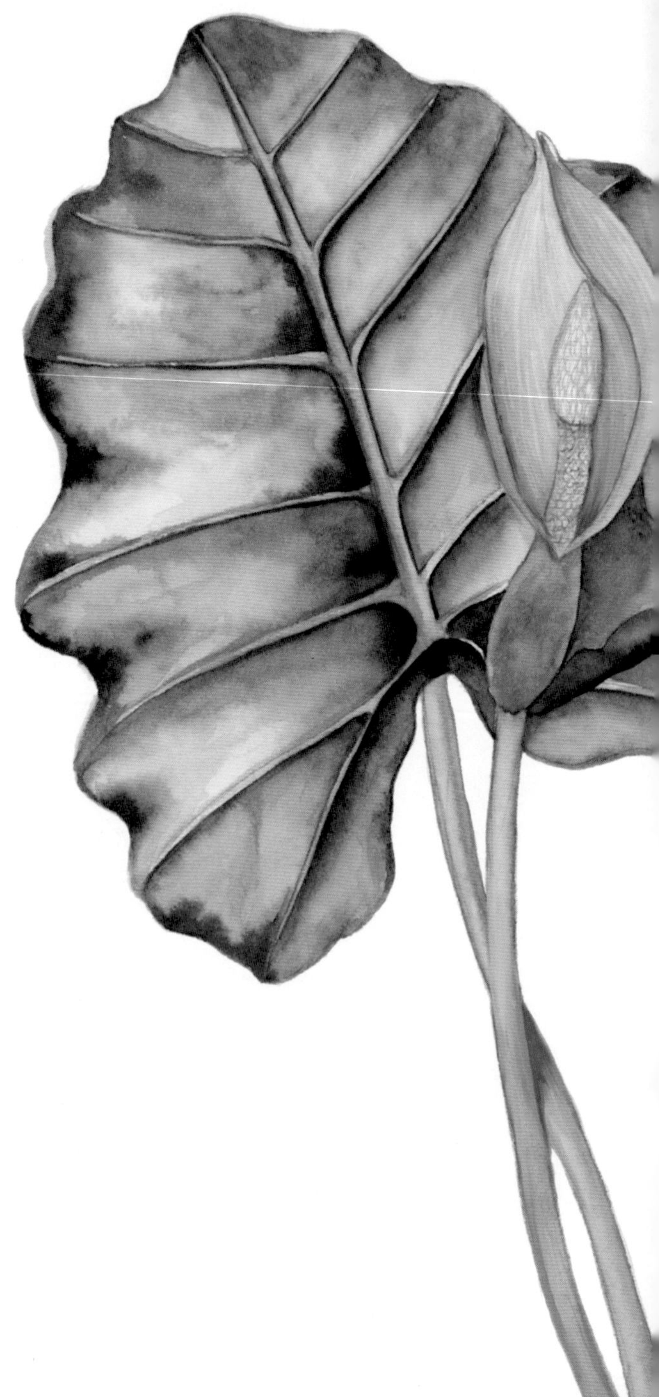

海芋在大约二十年前，悄然风行起来，彼时却不叫海芋，统统称之为“滴水观音”。大凡家中有客厅，总要摆放上一盆，才算跟得上流行的步伐。大约最初那些喜爱滴水观音的人们，并不知道它是有毒的吧！我其实也不知晓，直到读大学时，有记者来找导师采访，说的就是误食滴水观音的事，也是那时，才知道它的大名叫作海芋。后来陆续听说，有人啃食海芋的块茎而中毒，有人吮吸了叶片上的滴水而中毒，记得还有宠物乱啃后中毒的案例。如此想来，在家中栽种还是小心为妙。

北方的海芋不开花，我是去雁荡山时初见的海芋花。并不艳丽，甚至让人觉得，像是营养不良，面黄肌瘦，又像是有点要败落的感觉。总之淡黄绿色的模样，委实有些寒酸。古人欣赏它，当然是托了别名“观音莲”的福，如今摇身一变，“滴水观音”也还是观音。很多人甚至没见过它开花，只是赏叶而已。直到结了果实，海芋才显示出妖艳：熟透的果实是热烈的鲜红色，映衬在肥厚的叶片之间，格外醒目。当然这果实也是有毒的，南方也有人误食海芋果子而中毒。

在山林之间见到野生的海芋，则是在海南岛了。其实不必到如此遥远的地域的。反正林子之间的野生海芋，全然不同于花盆里栽种的那般，更加张扬，却也满身风尘：叶片更大，伸展向四野而去，短粗的茎显得敦实，不似精心栽种那般养尊处优，少了温润的光泽，甚至还有虫啮的痕迹和少许残破。古人真的会尝试取食这样的海芋吗？若是我，大概会被那气势所震慑。

又过了几年，我才听说台湾有观赏“海芋花”的习俗，然而亲眼一看，所谓的“海芋”指的竟是马蹄莲，而大陆所说的海芋，台湾称作“姑婆芋”。春季的阳明山，还有“海芋花海”可以观赏，当然那也是马蹄莲花海。毕竟作为“观音”的海芋，开花有点太过灰头土脸了。

花·史话
History

海芋之名，初曰野芋。〔明〕李时珍《本草纲目》引〔南朝梁〕陶弘景之言曰：“野芋形叶与芋相似，芋种三年不采成梠芋，并能杀人。”又引〔唐〕陈藏器之说：“野芋生溪涧侧，非人所种者，根、叶相似。又有天荷，亦相似而大。”时珍注曰：“小者为野芋，大者为天荷，俗名海芋。”盖天荷者，以野者曰天，其叶似荷，故名。

〔宋〕宋祁《益部方物略记》初见海芋名：“海芋，生不高四五尺，叶似芋而有干。根皮不可食。方家号隔河仙，云可用变金，或云能止疟。”度草木之名，据〔唐〕李德裕《花木记》之说，“凡花木名海者，皆从海外来”，如海棠、海榴是也，又生南国而初未为中原所识者，亦以海名，如海桐是也，又神异亦可曰海，如海金沙是也。海芋当因生南国山野间，乃有海名。〔明〕方以智《通雅》又称之曰雀芋，引〔唐〕段成式之说曰：“雀芋，置干地反湿，湿地反干，飞鸟触之堕。”乃知其芋中最毒者是也。

海芋一名观音莲，依李时珍之说："抽茎开花，如一瓣莲花，碧色，花中有蕊长作穗，如观音像在圆光之状，故俗呼为观音莲。"此名自〔宋〕郑樵《昆虫草木略》始。今讹作滴水观音，以叶尖常生滴水之故。又释家有三十三观音，观音诸像也，中有洒水观音，一名滴水观音，度取其意也。

宋祁亦作《海芋赞》曰："木干芋叶，拥肿盘戾。农经弗载，可以治疠。"当以此物为野药。海芋得入诗文，多依其别名观音莲之故。〔明〕徐渭《季子守宅观音莲》诗曰："昔闻火里莲能长，今见莲从陆地栽。广叶秖冯圆性转，粗花全借法身开。从摇宝蔓风中去，气绕梅檀雨后来。试问集观谁具眼，解将真见听飞埃。"既有观音之名，当有非凡气度，并可赐福，〔明〕管讷《观音莲》诗言："不假淤泥一点栽，五铢衣似藕丝裁。碧云幢下分明见，白月轮中自在开。根向旃檀新植得，种疑鹦鹉旧衔来。当知五十三参外，示现应须有善财。"

花·今夕
Nowadays

古之海芋，又名观音莲、滴水观音、野芋，泛指今之海芋之属数种。姑以今之海芋详述之，其学名曰 *Alocasia odora*。其株为草本，地下根茎或如芋头状，叶或卵状，或心形，甚宽大，如盾，具长柄，花甚小，数朵聚集如棒，而外有包裹，浑然如一束，束亦具长柄。其包裹呼作"佛焰苞"，若花瓣，作双捧之状环围花棒，其色或淡黄绿，或黄白。此花见诸南方，野生于林间、河谷，亦为人栽植，盆栽者南北皆有，生南国者全年皆华，栽于北地则花甚罕见，唯观叶而已。

瑞香

［冬至一候］

重重赢得梦魂香

花·遇见
Meeting

“瑞香是花贼！”这是我对瑞香最初的印象。

其实直到开始工作的那一年为止，我都不知瑞香为何物。也并非没见过，在花卉市场上甚至还拍过照片，但反正浑然不觉，全无深刻记忆。刚刚工作时，作为杂志编辑去约稿，请一位朋友写些有故事的植物。年终最后一篇，原本是要写杜鹃花的，主编觉得杜鹃花太过普通，于是那位朋友，就决定把杜鹃花换成瑞香。这是我第一次对瑞香有了明确而深刻的了解。当时的稿子里有几句话，一个是说，瑞香世谓之花贼，一个是说，瑞香金边最良。

何以叫“花贼”，我虽知道了因果，却不曾真切体味。后来我也陆续见了瑞香，并不觉得花香特别浓烈，也许是因为在户外，香气被冲淡了吧。所以我并不太理解古人，瑞香虽然冬季开花，也有香气，但何以把它直接尊为花中一品呢？于是某一年岁末，突发奇想，我也想要栽种一盆瑞香。毕竟，去理解一种植物，要么在野外搜寻并相遇，要么，就亲自栽种吧。

花市的瑞香只剩下破败的两株，买回家里，花蕾便渐次焦枯，一朵花也没能开放。有朋友听说这遭遇，坐火车从上海来北京，搬来一盆瑞香送我。于是我终于理解何以为“花贼”了。瑞香在屋子里，那香气仿佛狸猫一般，游走于角落之中，不经意间，便会钻出来。我是觉得这种“贼”属性，比古人所谓瑞香窃取了百花之香，要更贴切。

瑞香的花，仿佛有一种特殊的味道。似曾相识，却又难以忆起。苦苦思索了好一阵子，忽而我才明白了：这花的香气，像极了姜味儿的洗发水！就是这样带些辛辣带些温暖的味道。

花·史话
History

瑞香之名，因花开有香气之故也。依〔明〕文震亨《长物志》之言：“相传庐山有比丘，昼寝，梦中闻花香，寤而求得之，故名睡香。四方奇异，谓花中祥瑞，故又名瑞香，别名麝囊。”麝囊盖为比喻矣，以其花香不绝之故。〔元〕陶宗仪《说郛》辩麝之说道：“瑞香花种出江州庐山，今长沙竞种成俗，一采有至百千花者。最忌麝，或佩麝触之，花辄萎死。”

〔明〕王象晋《群芳谱》称，瑞香又有露甲、蓬莱紫、风流树诸名，以紫花者为上品，故又称紫风流。〔宋〕陶穀《清异录》记曰：“庐山僧舍，有麝囊花一丛，色正紫，类丁香，号紫风流。江南后主诏取数十根，植于移风殿，赐名蓬莱紫。”〔宋〕王十朋《瑞香花》诗言此花闻名始末：“真是花中瑞，本朝名始闻。江南一梦后，天下遇清芬。”

瑞香花开于冬季，有欺霜傲雪之姿，更兼香气满溢，自宋时初为人赏，品格便受称赞。〔宋〕苏轼《次韵曹子方龙山真觉院瑞香花》诗句言：“幽香结浅紫，来自孤云岑。骨香不自知，色浅意殊深。”又曰：“君持风霜节，耳冷歌笑音。一逢兰蕙质，稍回铁石心。”〔宋〕杨万里《瑞香花》诗亦有句曰：“侵雪开花雪不侵，开时色浅未开深。碧团栾里笋成束，紫蓓蕾中香满襟。”瑞香因是新奇种类，品性又佳，〔宋〕张翊《花经》将之列为“一品九命”，花中最上品也，〔明〕张谦德《瓶花谱》亦列之作“一品九命”。

因瑞香花以紫红色为佳，有旖旎之态，古人亦以女子风姿赞之。〔宋〕朱淑真《瑞香》诗言：“玲珑巧蹙紫罗裳，今得东君著意妆。带露欲开宜晓日，临风微困怯春霜。发挥名字来雕辇，弹压芳菲入醉乡。最是午窗初睡省，重重赢得梦魂香。”〔宋〕赵彦端《点绛唇·瑞香》称此花作绝代佳人：“护雨烘晴，紫云缥缈来深院。晚寒谁见，红杏梢头怨。绝代佳人，万里沈香殿。光风转。梦余千片，犹恨相逢浅。”

〔清〕陈淏《花镜》记曰：“瑞香，一名蓬莱花。有紫、白、红三色。本不甚高，而枝干极婆娑，隔年发蕊，蓓藁于叶顶，立春后即开花。紫如丁香者，名金边瑞香。”金边者，瑞香之品类，〔明〕冯梦龙《醒世恒言》内有言曰“瑞香花金边最良”，正此意也。然陈淏又言：“又名麝囊，能损花，宜另植。”以其花香过烈，不容他花也。文震亨《长物志》亦记：“又有一种金边者，人特重之。枝既粗俗，香复酷烈，能损群花，称为花贼，信不虚也。”盖世人有不喜瑞香者，以花贼称之，谓盗百花之香，而掩其芬。

花·今夕
Nowadays

古之瑞香，一名睡香，即今之瑞香，其学名曰 *Daphne odora*。其株为灌木，叶长圆，质稍坚实，凌冬不凋，花数朵聚作一簇，生诸枝顶。其花色淡紫红，萼裂作四数，若花瓣状，实无花瓣也，其香甚浓郁，混有辛甜之味。此花原产之地未明，我国多见栽植，中原以南可植地上，北地唯盆栽也，始华于冬日，或可绵延至翌年春末。

又有金边瑞香，乃瑞香之变型也，叶缘具黄色，故以“金边”呼之，古人视作良品，今亦多见栽植。

粉蝶

[冬至二候]

家家一树锦蝴蝶

图◎洋紫荆

花·遇见
Meeting

古代的粉蝶花，大约就是如今的羊蹄甲花。

知道羊蹄甲还是因为香港回归。香港的新的区旗和区徽，选了所谓的“紫荆花”——这并非古代通常所谓的紫荆，而是洋紫荆。自古流传的紫荆诗文和故事，所说的都是春日开花如豆，密密麻麻挂满枝头的那种紫荆，而香港的“紫荆花”，其实就是羊蹄甲。读大学时才知道羊蹄甲也有数种，香港选的“紫荆花”其实是天然杂交的红花羊蹄甲，拉丁学名还是用曾经的港督来命名的。

但我依然没有真正见过任何一种羊蹄甲，直到去了南方。十余年前，冬日的景洪县城，我终于见了红花羊蹄甲的花，感觉比照片里所见的更加艳丽些，枝条也更张扬。树虽不高，花却挂在枝头，想要拍照，无论如何只能仰视。后来在海南，在广西，在台湾，以及南方各地，都见了红花羊蹄甲。其他几种羊蹄甲也陆续遇到过，但感觉仍是红花羊蹄甲栽种得最多。

关于几种羊蹄甲的名字，也如绕口令一般，和朋友一起分辨过。大陆、香港、台湾三地，对于三种羊蹄甲——红花羊蹄甲、羊蹄甲、洋紫荆——所用的中文名，彼此不同，而且混淆得一塌糊涂。这时候只好祭出拉丁学名的法宝了。

羊蹄甲是否有香气，我之前也未曾想过。直到这部书稿即将交付出版社之前，初冬我在厦门，拍了羊蹄甲的照片，网上有人问我是否有花香，我说，自己并未觉得。岂料不久便有人回答，确实是有香气的呀！于是我决心去试试看。在花开热闹的羊蹄甲树下，我寻觅着四散的气味，于是感觉到丝丝缕缕的幽香。

曾经我和妻一起，约了另一对朋友，跑去香港游玩，在长洲岛上度过除夕。彼时遇到寒流，虽是香港，却也阴冷，苦雨淅淅沥沥，而诸多店铺则因着假期，纷纷关门大吉，于是那个除夕我们其实度过得有一点点惨淡。然而心里头还是欢快的，毕竟能够出来玩。登上长洲岛，安顿下来，走出小旅店，我们就遇到一棵羊蹄甲，粉红色的花朵扑簌簌落了满地。我把落花小心地捡拾起来，连同它的落叶，以及旁边不远处掉落的刺桐花，一起摆放妥当，拍照。照片的名字就叫“香港长洲除夕的落花”。那一刻，大约不再感觉凄凉，只是单纯地从掉落的羊蹄甲花朵那里，获得的欢愉和温暖，就足够了。那时候，其实十分容易满足。

花·史话
History

粉蝶花，即今人所谓羊蹄甲是也。一作粉蜨花，以花似蝴蝶得名。〔清〕屈大均《广东新语》言：“曰粉蜨花，枝条甚柔，花如粉蜨然。”又曰蝴蝶花、胡蜨花，盖皆此类也。屈大均复有《胡蜨花》诗曰：“愿似胡蜨花，花开红烨烨。花落随风飞，复作双胡蜨。”

此花原生南国，非广东、台湾诸地，无人识矣，及至清代，乃为人所记而入诗文。〔清〕薛绍元《台湾通志》称之曰番蝴蝶，道：“树高盈丈，花如蝶，四时常开，烂如簇锦。”又记，所谓番蝴蝶有数种，

图◎红花羊蹄甲

如草低矮者叶略似槐，花中红外黄，又名金丝蝴蝶（乃今人所谓金凤花是也）；木本高大者即羊蹄甲。二者本类同，花皆似蝴蝶，故多为人混淆。〔清〕孙元衡《蝴蝶花树》诗赞之云："流宕春光烂熳枝，翩翻似醉更疑痴。家家一树锦蝴蝶，是梦是花人不知。"

今谓羊蹄甲者数种，〔清〕吴其濬《植物名实图考》记其一："玲甲花，番种也。花如杜鹃，叶作两歧，树高丈余，浓阴茂密，经冬不凋，夷人喜植之。"〔清〕李调元《粤东笔记》亦载此种也："蛱蜨花，树高三五尺，叶皱而有棱，蓓蕾丛生至二三十许，花皆四朵相对，须眼微具。"

羊蹄甲本意即羊蹄也，其质坚，故有甲名。以叶似羊蹄，先端二歧，由是得名。度吴其濬曰玲甲花，当彼时民间以甲呼之。今人不知古有粉蝶、蛱蜨、玲甲花诸名，遂自拟也，乃呼作羊蹄甲。又曰洋紫荆、艳紫荆，以其花色似紫荆也。〔唐〕元稹《红荆》诗言："庭中栽得红荆树，十月花开不待春。直到孩提尽惊怪，一家同是北来人。"紫荆灿于春，而羊蹄甲入秋方绽，依种类不同，绵延至晚冬，故揣度此诗所言，莫不为羊蹄甲乎？

〔清〕王洪《蝴蝶花》诗曰："不识波罗国，争看蝴蝶花。吐丝多浥露，展翘各矜华。最喜秋阳映，应须锦幔遮。风飘仙客醉，窗外影横斜。"既言秋色，当为羊蹄甲是也。因与梁祝化蝶双飞传说相类，粉蝶花亦可言情事。屈大均又一《胡蜨花》诗言："胡蜨花所变，复为胡蜨花。与郎共一体，亦如云与霞。"

花·今夕
Nowadays

古之粉蝶，即粉蝶花是也，所指或有数种，譬若金凤花、凤凰木之类，亦指今之羊蹄甲之属。姑以今之洋紫荆述之，其学名曰 *Bauhinia variegata*，一名宫粉羊蹄甲。其株为乔木，叶略圆而先端二裂，似羊蹄足印而大，故有“羊蹄”之名，花数朵聚集，疏散作一束，生诸枝端。其花色或紫红，或淡红，花瓣五数，开张如掌，中心之瓣上有斑，色或暗紫，或黄绿，其形如张目，雄蕊五数而等长。此花南方多栽植，全年皆华，而冬春之交最盛。

又有羊蹄甲之属诸类，乃洋紫荆之近亲也：一曰羊蹄甲，又名紫羊蹄甲，花色或粉红，或桃红，中心之瓣无斑，雄蕊三数，华于秋冬之交；一曰红花羊蹄甲，花色紫红，雄蕊五数而不等长，自秋至春荣华不绝；一曰白花洋紫荆，洋紫荆之变种也，花色白。

图◎羊蹄甲

猩猩花

南国还多一品红

［冬至三候］

猩猩花也许是故弄玄虚的名字，今人更乐得将它称作一品红。

北方的一品红都是盆栽的，矮墩墩的样子。我是因从小听说这花有毒，特别是折断枝叶后流出的白色乳汁，更是有毒，所以一直敬而远之。彼时一品红还较少见，唯有工厂或者机关的硕大办公楼里，逢年过节，才会摆上几盆。我一直心存疑惑：既然有毒，何以一定要摆出来呢？

直到去了西双版纳，才知道一品红不仅仅可以委曲地蜷缩在花盆里，也可以长成树。当时居住的小楼旁边不远处，就有一棵一品红，枝条伸到大约二楼楼顶的位置。起初以为是其他种类来着，后来知道，这确然是一品红。而直到不久之前，还有朋友和我讲，他也是第一次知道一品红能长得像树一样。毕竟在北方，这是难以想象的情境。

近些年来，路边的花坛里，一品红也多了起来，大概栽种成本低廉，养护也容易吧。一品红们被拥挤着摆放在一起，凑成花坛里的红色，成为节日里象征喜庆欢聚的主角。也有不同颜色的品种，白色或者肉墩墩的粉色，但都不如红色受人欢迎。我不知道如今的小孩子们，有没有家长对他们说，一品红是有毒的，他们会不会疑惑，何以代表美好意义的红色，要用有毒植物来拼凑呢？读大学时，我又听说了一品红的另一个名字——圣诞红。它的红色，是可以用当作圣诞节经典配色的。也罢，人们或许只追寻瞬间的欢喜和刺激，至于是否有毒，那是后话。这么着，无论在西方还是中国，一品红得以悄然风行，并且看样子也将经久不衰。

花·史话
History

一品红之名，所指原非花木，乃荔枝一品，色最鲜而味美绝伦者也。至若花木，以艳红似火之故，以荔枝名名之，此清末事矣。〔清〕吴妍因《喜抵广州》诗言："浩气冲霄贯彩虹，玄天枉鼓不周风。依然北地胭脂艳，南国还多一品红。"

此物原名猩猩木，植于南国，若红霞欲燃。猩猩本兽也，〔晋〕常璩《华阳国志》载："猩猩兽，能言，其血可以染朱罽。"乃有猩红之说。〔清〕李调元《南越笔记》记曰："最嗜酒，人以酒满注瓮中，复置高屐其旁，猩猩见辄毁骂而去，去已复还。姑以指染酒尝之，遂至醉，著屐而笑，人因缚取。问之曰：汝饮我酒，须还我血。猩猩许以血一升，即得一升，不能多。血以染绯，久而不变，最可贵。"则自古流传取猩猩血之法。猩猩木以其色猩红得名，初见于台湾、广东诸地。其花亦作猩猩花。

〔清〕梁启超赴台数日，作《猩猩木》诗曰："处处猩猩花欲然，烂霞烘出艳阳天。人间能得几红泪，留取家山染杜鹃。"又作《台湾竹枝词》："郎行赠妾猩猩木，妾赠郎行蝴蝶兰。猩红血泪有时尽，蝶翅低垂那得干。"盖民间以猩猩花热烈之状，喻深情而折作信物也。

一品红又有别名老来娇，其色入秋仍深红，至冬不绝，〔清〕王凯泰等《台湾杂咏合刻》有言："老妇善妆，俗谓之老来娇。"盖此意也。此名亦指雁来红，乃苋之属也。〔清〕李霁《老来娇》诗作于台湾，所言或指一品红，诗曰："不是名花作意红，老来颜色傲春风。几回侧倚栏杆立，错认珊瑚出汉宫。"

花·今夕
Nowadays

古之猩猩花，一名猩猩木，今呼作一品红，其学名曰*Euphorbia pulcherrima*，俗称圣诞红。其株为灌木，盆栽玩赏者常甚矮，内具乳汁，叶长圆，花甚小，数朵共红叶作一束，呈伞状，生诸枝顶。所谓红叶者，色朱红，呼作"总苞叶"，常五七之数，形如叶而艳如花，可堪一观者即此也。此花乃美洲舶来之物，今南北皆有，常自秋日始华，或可绵延至翌年春日。

蜡梅

〔小寒一候〕

资莹轻黄外，芳胜浅绛中

我与蜡梅花原本应当更早相遇才是——初中校园里头，栽着几株蜡梅，秋时还采摘过叶片来着，然而我却从未记得见过花开。在大约十年之后，我才终于知晓，那几株灌木，确然是蜡梅。初见蜡梅花，是读大学时了。在老旧小区逼仄的夹缝里相遇，树生长得苟且，花也开得稀疏。彼时正冷，我以为枝上生了虫，咬出许多粪包，细看之下，才知道是花苞，也终于见了一两朵初开的花。依约嗅到香气，瞬时倾心。

然而蜡梅的花，其实真的不太适合观赏。香气确然悠远，但花朵多少有些蔫头耷脑的意味，颜色也像霜冻后有些发烂的青菜。所以远观蜡梅，我就从未能找到适宜的角度，去拍几张优雅的照片，唯有靠近，稍稍蹲下，仰面看那花，才能发现其中的精妙。

前几年说到蜡梅，也总免不了遇到误写的“腊梅”二字。“其实蜡梅的名字，是说花本身像是蜡质的，不是说它腊月开花。”这话说得多了，却终觉徒劳，还是有很多场合，甚至主流媒体，依旧写“腊梅”。正本清源的工作，自然还是要继续，但或许多数人都会觉得无伤大雅吧。至于蜡梅自己，管它叫什么名字呢，该开花便开花就是。

北京城里的蜡梅，实则到早春才相继开放，反而山寺中有几株，冬日即开。只是蜡梅戴雪的景致，多年来我几乎没有遇见过。几年前有一次，京城春日降雪，我跑回大学校园里，去寻蜡梅。枝头上挂着晶莹的白色，然而已不是雪，是落下后稍有些融化的冰晶了。我蹲在墙根底下拍照，那座楼，实则是学生宿舍，于是路过的学弟学妹们，难免投来异样的眼光——这人鬼鬼祟祟，藏在那里干嘛呢？我不知道，他们之中有几人知晓，这里竟藏着好几株正在绽放的蜡梅花。

花·史话
History

蜡梅，古时曰黄梅，以其花色黄，与梅同开而又同香，故有梅名。此花自北宋始称蜡梅。〔宋〕苏轼《蜡梅一首赠赵景贶》诗句曰：“天工点酥作梅花，此有蜡梅禅老家。蜜蜂采花作黄蜡，取蜡为花亦其物。”因此花似黄蜡，故以蜡梅称之。〔宋〕黄庭坚《戏咏蜡梅》诗二首，其一云：“体熏山麝脐，色染蔷薇露。披拂不满襟，时有暗香度。”诗序详言：“京洛间有一种花，香气似梅，花亦五出，而不能晶明，类女工撚蜡所成，京洛人因谓蜡梅。”世人因苏黄诗后，方知此物名蜡梅。〔宋〕王十朋《蜡梅》诗言此道：“蝶采花成蜡，还将蜡染花。一经坡谷眼，名字压君葩。”

〔宋〕范成大《范村梅谱》言之甚详：“蜡梅本非梅类，以其与梅花同时，而香又相近，色酷似蜜脾，故名蜡梅。”〔明〕王世懋《花疏》言：“蜡梅是寒花绝品，人言腊时开，故以腊名，非也。”彼时蜡梅已讹作腊梅，实谬也。今人常作腊梅而欣欣然，皆因不知蜡梅名之来由者也。又因其色黄，一名黄梅。〔宋〕王安国《黄梅花》诗云：“庚岭开时媚雪霜，梁园春色占中央。未容莺过毛无类，已觉蜂归蜡有香。弄月似浮金屑水，飘风如舞曲尘场。何人剩着栽培力，太液池边想菊裳。”

因有凌寒之志，又怀幽香，故而自宋伊始，蜡梅便为文人所爱，〔宋〕张翊《花经》称其“一品九命”，花品最高。〔宋〕杨万里《蜡梅》诗道：“天向梅梢别出奇，国香未许世人知。殷勤滴蜡缄封却，偷被霜风折一枝。”又

〔宋〕朱熹《蜡梅》诗曰："风雪催残腊，南枝一夜空。谁知荒草里，却有暗香同。资莹轻黄外，芳胜浅绛中。不遭岑寂似，何以媚芳丛。"

蜡梅亦有数种，约略有别。依范成大《梅谱》所载："凡三种，以子种出不经接，花小香淡，其品最下，俗谓之狗蝇梅。经接花疏，虽盛开花常半含，名磬口梅，言似僧磬之口也。最先开，色深黄如紫檀，花密香秾，名檀香梅，此品最佳。"王世懋《花疏》亦言："出自河南者曰磬口，香色形皆第一。松江名荷花者次之。本地狗缨，下矣。得磬口，荷花可废，何况狗缨。"其狗蝇、狗缨者，名异而实同，〔明〕王象晋《群芳谱》言此种曰："花小香淡，其品最下，谓之狗蝇，后讹为九英。"〔清〕邹一桂《小山画谱》又别有一种："一种素心者，花大香甚，名怀素蜡梅。出自中州为上品。"

花·今夕
Nowadays

古之蜡梅，亦呼作黄梅，即今之蜡梅，其学名曰 *Chimonanthus praecox*。其株为灌木，叶未见时，花生枝上。其花色蜡黄，清香满溢，若花瓣者一二十数，然非花瓣，呼作"花被片"，质若黄蜡，居花心者或作红褐色。此花野生于华中、华东、西南诸地山林间，今南北多见栽植，依品类并风土之别，或有始华于孟冬者，或有荣于冬春者，或有仲春仍盛者，不一而足。

今又有诸类，皆蜡梅之变种、品种是也。譬如狗蝇蜡梅，花稍小，花被片尖而狭，花形似星芒，栽植甚众；磬口蜡梅，花形似钟，半含半吐；素心蜡梅，花被片居花心者皆蜡黄，不作红褐色。

山茶

［小寒二候］

烂红如火雪中开

花·遇见
Meeting

初遇山茶花，是在杭州的早春。寒意尚未消退殆尽，柳枝梅梢，却已染了萌动的颜色。西湖畔的小园亭台之间，忽而瞥见，绿枝之间，有几朵红得难以言喻的花。绿者深沉，红者凄烈，不似周遭的春光柔暖，却令人不忍忽视。后来在北京的温室里、花市上，我数次见到栽在盆里的山茶，都找不到曾经偶遇的感动，仿佛那植株，就应当静默地伫立于地面，那花，就应当怀着高傲的恨意，淡然沐浴春风。换到花盆里，反而成了笼中鹦鹉，红得俗气，绿得病馁，失却风流。

相隔十年之后，我有一点点想念山茶。在植物园的温室里，所见的却都是各色品种，唯独不见最正统的大红色。最终只看到近似的花形，却是殷红色，终究有些遗憾。北京的花市里，也找不到纯正的山茶花了。山茶的各个观赏品种大行其道，都是重瓣，不见花心，被商家挂上标牌，起得都是神乎其神的名字，诸如“吕布戏貂蝉”“罗密欧与朱丽叶”之类。

其实对于山茶的品种，起初我曾满怀期待。读金庸先生的小说《天龙八部》，看那里面说的茶花，“抓破美人脸”“十八学士”之类，令人心向往之。待到看了如今的山茶品种，我竟怀疑，这是古人所谓的那些吗？也许确然就是那些，是我与古人的审美有些偏差罢了。

最终对山茶的惦念，还是带着我回到了春日的杭州。比初遇时略晚了几日，春花已纷纷绽放。山茶有些开败了，地上的落花，整朵整朵，躺在新草之间，没有飘零散乱，依旧是曾经绽放于枝头的模样。甚好，我想，这才是我牵挂了许多年的红山茶应有的气度。

花·史话
History

山茶，以其叶似茶，故名。〔唐〕段成式《酉阳杂俎》言：“山茶叶似茶树，高者丈余，花大盈寸，色如绯，十二月开。”〔明〕李时珍亦曰：“其叶类茗，又可作茶饮，故得茶名。”明清两代，山茶又有别名“曼陀罗”。曼陀罗之名源自佛经，今人释之，曰或此乃红花树也，如刺桐之类。时珍以为其意为杂色诸花。〔民国〕由云龙《定庵诗话续编》记有滇中诗作，《茶花用禁体》有诗句曰：“花名曼陀罗，开花示吉祥。”

山茶花红艳，傲雪斗风而绽，不畏严寒，叶又凌冬不落，故为人赞。〔宋〕苏轼《邵伯梵行寺山茶》诗曰：“山茶相对阿谁栽，细雨无人我独来。说似与君君不会，烂红如火雪中开。”又〔宋〕梅尧臣《山茶花树子赠李廷老》诗句亦言：“南国有嘉树，花若赤玉杯。曾无冬春改，常冒霰雪开。”

亦有以山茶比牡丹者。〔唐〕司空图《红茶花》诗赞之：“牡丹枉用三春力，开得方知不是花。”〔宋〕朱长文《次韵司封使君和练推官再咏山茶》诗言：“珍木何年种，繁英满旧枝。开从残雪裏，盛过牡丹时。对日心全展，凌风干不欹。药阶如赋咏，欠此尚相思。”或曰山茶之志，非为争艳也。〔明〕沈周《红山茶》诗道：“老叶经寒壮岁华，猩红点点雪中葩。愿希葵藿倾忠胆，岂是争妍富贵家。”

〔晋〕石崇有侍妾绿珠，妩媚而擅逢迎，至石崇失势，绿珠坠楼死节。〔唐〕贯休《山茶花》诗记曰：“风裁日染开仙囿，百花色死猩血谬。今朝一朵堕阶前，应有看人怨孙秀。”后人怜其事，以坠楼血污比作山茶花，并将绿珠奉为山茶花神。然由此之故，山茶花虽有傲雪之志，而品性竟不甚高，〔宋〕张翊《花经》列之为“七品三命”。

山茶诸类，依〔明〕王象晋《群芳谱》言：“有鹤顶茶，大如莲，红如血，中心塞满如鹤顶，来自云南，曰滇茶。玛瑙茶，红、黄、白、粉为心，大红为盘，产自温州。宝珠茶，千叶攒簇，色深少态。杨妃茶，单叶，花开早，桃红色。焦萼白宝珠，似宝珠而蕊白，九月开花，清香可爱。正宫粉，赛宫粉，皆粉红色。石榴茶，中有碎花。海榴茶，青蒂而小。菜榴茶，踯躅茶，类山踯躅。真珠茶，串珠茶，粉红色。又有云茶，磬口茶，茉莉茶，一稔红，照殿红。郝经诗注云：‘山茶大者曰月丹，又大者曰照殿红。’千叶红，千叶白之类，叶各不同，或云亦有黄者。不可胜数，就中宝珠为佳，蜀茶更胜。”所谓宝珠山茶，为红山茶之千瓣者，乃最上品，〔明〕夏旦《药圃同春》亦言：“山茶，色红，喜腴，一名宝珠。心无黄者为上。”

花·今夕
Nowadays

古之山茶，或指今之山茶之属数种，或亦含品种，当以今之山茶为正，其学名曰 *Camellia japonica*。其株或为灌木，或为小乔木，叶长圆，质坚实，凌冬不凋，花独生枝端。其花色红，花瓣作六七之数，雄蕊甚多，聚集作筒状。此花野生于华东山林间，今南北各地多栽植，始华于冬日，而盛于翌年孟春。

今又有诸类，多为园艺品种，或自山茶选育，或乃山茶之属杂交所得，统称茶花是也。曰“十八学士”者，重瓣逾七十之数，间或具斑，层叠十数轮，依其色形，则有红十八学士、粉十八学士、白十八学士诸品。曰“粉丹”者，花色粉红，重瓣，层叠八九轮；曰“五宝”者，色或粉红，或粉白，具红色条纹并白色云斑，重瓣，又有数品。诸如此类，不能尽录焉。

水仙

［小寒三候］

可惜国香天不管

小时候每到冬天，外婆总会种一两盆水仙。彼时我并不喜爱这花，觉得伺候起来委实繁琐——先要雕刻，将鳞茎削去少许，让花芽得以钻出；而后每天换水，还要用一小块干净的纱布，盖在鳞茎上，辅助保水。倘使一两日未换清水，就会散发出腐朽植物的气味。开花固然清新可人，但那之前花费的心思，于小孩子而言，想必太过细腻了。

后来我也种过水仙，终究不似幼年时所见那般小心，花也开，花萎之后，便即丢掉。有时候会对这花生出少许怜惜：未绽之前的备受宠爱，到败落后的弃若敝屣，倘使这花真的是仙子，是冰雪伶俐的美人，也会为这命运怅惋叹息的吧。也有朋友说，水仙的鳞茎埋在土里，是可以继续生长的。只是第二年复花，总不及第一年花多，想是养分终究不足。况且水仙的鳞茎，许多年来价格一直不高，与其照料它们一整年，不如新买更省事些。

但其实我一直不懂水仙，直到有朋友说，夜间的温度若高于16℃，则植株就会徒长，瘦高而羸弱。这我才忽而忆起，从外婆到母亲，她们都会在临睡前，把水仙端到厨房的窗口去，窗子开一道缝隙。原来这是为了保持夜温不要过高！我只是照猫画虎，仅学得了些表面功夫。

曾有朋友寄给我一个小盒子，里面是干燥了的水仙花。如今过去了许多年，那盒子里早已没有了香气，但花还在。不知何故，在我心里总有些怜惜，盼着那盒子里的花，不要破碎，不要损毁。这些年我未再种过水仙，整个屋子里，只有这几朵干燥的花，得以残留下一点与水仙相关的讯息。

花·史话
History

水仙之名，依〔明〕王世懋《花疏》言："其物得水则不枯，故曰水仙，称其名矣。"〔明〕李时珍亦言："此物宜卑湿处，不可缺水，故名水仙。"〔宋〕黄庭坚《刘邦直送早梅水仙花》称之曰："得水能仙天与奇，寒香寂寞动冰肌。仙风道骨今谁有，淡扫蛾眉簪一枝。"

水仙花开，其内灿黄而其外洁白，为古人称之作"金盏银台"。〔宋〕马子严《天仙子》词赞之曰："白玉为台金作盏，香是江梅名阆苑。年时把酒对君歌，歌不断，杯无算。花月当楼人意满。翘戴一枝蝉影乱，乐事且随人意换。西楼回首月明中，花已绽，人何远。可惜国香天不管。"王世懋亦道："凡花重台者为贵，水仙以单瓣者为贵。短叶高花，最佳种也。"又〔明〕高濂《草花谱》言："单瓣者名水仙，千瓣者名玉玲珑，又以单瓣者名金盏银台。"

〔唐〕段成式《酉阳杂俎》记曰："捺祇出拂林国，根大如鸡卵，叶长三四尺似蒜，中心抽条。茎端开花六出，红白色，花心赤黄，不结子，冬生夏死。"李时珍因此而惊呼："据此形状，与水仙仿佛，岂外

国名不同耶！”盖“捺祇”与波斯语水仙同音，又绵延作今之水仙拉丁学名，故一说中国水仙，原种或自西域入中原。实不可考矣。

水仙花因怀幽香，色又洁白，更爱清水，品性高洁更兼雅致，故为文人所爱，比诸冰清玉洁之仙子。〔宋〕陈抟《咏水仙花》诗言：“湘君遗恨付云来，虽堕尘埃不染埃。疑是汉家涵德殿，金芝相伴玉芝开。”以此花比湘君也。〔宋〕刘攽《水仙花》诗曰：“早于桃李晚于梅，冰雪肌肤姑射来。明月寒霜中夜静，素娥青女共徘徊。”则同比姑射、素娥、青女。〔元〕姚文奂《题虞瑞岩描水仙花》诗云：“离思如云赋洛神，花容婀娜玉生春。凌波袜冷香魂远，环珮珊珊月色新。”以水仙比洛神。〔明〕文徵明《水仙》诗道：“罗带无风翠自流，晚寒微亸玉搔头。九疑不见苍梧远，怜取湘江一片愁。”又将水仙比诸舜帝二妃。由此之故，〔明〕张谦德《瓶花谱》列水仙作“一品九命”，最高品也。

花·今夕
Nowadays

古之水仙，即今之水仙，其学名曰 *Narcissus tazetta* var. *chinensis*。其株为草本，鳞茎球状，本生诸土下，以水浸亦能华，其叶条形，扁且狭长，生诸鳞茎上，花数朵聚作伞状，共具一长柄，生叶丛间。其花色白黄相间，外有六瓣者色白，非花瓣也，呼作“花被片”，内有杯状色黄者，呼作“副花冠”，花甚清香，可谓奇绝。此花或曰原生于华东，今南北皆栽植，依风土并栽植之法不同，或盛于冬日，或华于孟春。

又有玉玲珑，水仙之变种也，其“副花冠”非作杯状，而重叠如团，其色上白而下黄，不见蕊。今亦有“洋水仙”，品类甚繁，皆为水仙之属，然以物种论非水仙本种，乃其近亲也。

梅花

［大寒一候］

暗香浮动月黄昏

花·遇见
Meeting

因着身在北方，我对梅花总有一些误解。小时候听说，零落成泥碾作尘，不知何故，觉得梅花是种没什么意思的花。彼时的北京，唯有中山公园冬季里的梅花展，是确然可以看到梅花的方式。作为小孩子，梅花展则太过沉闷了些：那些盆栽的梅花，羸弱着，扭曲着，全无傲骨。于是这就成了梅花在我心里头的刻板印象。

后来也在南方，零星见过梅花，白梅红梅都见了，依然觉得，不过尔尔，直到我第一次造访杭州。早春的杭州，刚刚赶上赏梅的季节，灵峰之下，我记住了如织的游人，也见了散落遍地的梅花瓣，倔强着，默然着，铺了满地，铺了满池。想起李后主说，“砌下落梅如雪乱，拂了一身还满”。自梅树下穿梭而过，肩头，额角，残留暗香。那时我才大约明了，梅花之赏，也是要在不同的心性之下，才能够约略领悟一鳞半爪的吧。

实则北京也有露天栽种的梅花，只是从前我不知道。近几年，明城墙遗址下，委实种了不少梅花，只是冬日并不开，要待春暖，才婉约着绽放。终究失了傲雪的风骨，幸而，还留着雅致和幽香。看梅的人拥挤于小径上，而花间的蜂蝶，想必是最喜爱这片人工梅林的吧。今年北京的春日，乍暖还寒，我去看梅花时，只有几株树梢，仓促地开着数朵而已，但枝条总算得以伸张，花也开得尽兴，总算不似室内的盆栽，皆是病梅了。

花·史话
History

梅花之名，由果而来。〔明〕李时珍称："梅，古文作某，象子在木上之形。梅乃杏类，故反杏为某，书家讹作甘木，后作梅，从每，谐声也。或曰：'梅者媒也，媒合众味。'古书云：'若作和羹，尔惟盐梅。'而梅字亦从某也。"一说以古字象形，如子在枝上，一说有媒合众味之功，取其谐音为名。

先秦即以梅为贵，然爱其果味酸，非赏花也。〔宋〕杨万里《和梅诗序》言："南北诸子如阴铿、何逊、苏子卿，诗人之风流至此极矣，梅于是时始以花闻天下。"唐宋更多言梅花之赏。世人爱其幽香，又赞凌冬傲雪之风骨。〔宋〕林逋《山园小梅》诗句道："疏影横斜水清浅，暗香浮动月黄昏。"知夜赏之雅趣。又〔宋〕苏轼《西江月·梅花》词云："玉骨那愁瘴雾，冰姿自有仙风。海仙时遣探芳丛，倒挂绿毛么凤。素面常嫌粉涴，洗妆不褪唇红。高情已逐晓云空，不与梨花同梦。"道梅花雅致清高，绝胜别种春花也。

故〔宋〕范成大《范村梅谱》自序之中，赞梅花曰："梅，天下尤物。无问智贤愚不肖，莫敢有异议。"更录梅花数种，真文士之爱梅者。〔宋〕姜夔谒范成大，为填咏梅词并制新曲，曰《暗香》《疏影》，为后世赞。且录《暗香》焉，其词曰："旧时月色。算几番照我，梅边吹笛。唤起玉人，不管清寒与攀摘。何逊而今渐老，都忘却、春风词笔。但怪得、竹外疏花，香冷入瑶席。江国。正寂寂。叹寄与路遥，夜雪初积。翠尊易泣。红萼无言耿相忆。长记曾携手处，千树压、西湖寒碧。又片片、吹尽也，几时见得。"

梅之幽香，花虽零落亦得残留。〔宋〕陆游《卜算子》词句："无意苦争春，一任群芳妒。零落成泥碾作尘，只有香如故。"即此意也。唯落梅惹人哀思，亦可寄伤春之意。〔南唐〕冯延巳《鹊踏枝》词句道："梅落繁枝千万片。犹自多情，学雪随风转。昨夜笙歌容易散，酒醒添得愁无限。"又〔宋〕晏几道《木兰花》词亦伤怀："风帘向晓寒成阵，来报东风消息近。试从梅蒂紫边寻，更绕柳枝柔处问。来迟不是春无信，开晚却疑花有恨。又应添得几分愁，二十五弦弹未尽。"

梅花诸品，以白梅为最佳。〔宋〕王安石《梅花》诗："墙角数枝梅，凌寒独自开。遥知不是雪，为有暗香来。"以白梅比雪，乃知其性高洁。〔宋〕卢梅坡《梅花》诗言："梅雪争春未肯降，骚人阁笔费平章。梅须逊雪三分白，雪却输梅一段香。"纵不论风骨，冰雪仙姿，亦可大赞。〔宋〕周邦彦《丑奴儿·大石梅花》词云："肌肤绰约真仙子，来伴冰霜。洗尽铅黄，素面初无一点妆。寻花不用持银烛，暗里闻香。零落池塘，分付余妍与寿阳。"

除却白梅，另有红梅，虽亦梅类，因花红艳，少傲骨而多娇媚，反为不美，故而文人多以红梅品性居白梅之下。苏轼《红梅》诗曰："怕愁贪睡独开迟，自恐冰容不入时。故作小红桃杏色，尚余孤瘦雪霜姿。寒心未肯随春态，酒晕无端上玉肌。诗老不知梅格在，更看绿叶与青枝。"〔宋〕张翊《花经》列梅花作"四品六命"，当以白梅、红梅并作一梅花，故非品格最高者。

〔晋〕葛洪《西京杂记》载："初修上林苑，群臣远方各献名果异树。"中有梅七种：朱梅、紫叶梅、紫华梅、同心梅、丽枝梅、燕梅、猴梅。至宋时，范成大《范村梅谱》记梅花诸类，有江梅、早梅、官城梅、古梅、重叶梅、红梅、鸳鸯梅、杏梅等，并述其形色。至〔清〕陈淏《花镜》记有梅花二十一种，如绿萼梅、玉蝶梅、照水梅、鸳鸯梅、红梅、杏梅、墨梅、江梅等，今仍有之。

古之梅花，初亦含蜡梅，笼统言之也，后乃指今之梅花，以物种论，今呼作梅，其学名曰*Armeniaca mume*，梅花乃其花也。其株或为小乔木，或作灌木状，叶未见时，花已先发，或独生，或二朵相聚。以品种之别，其花色或白，或粉，或紫红，皆芳香，花瓣或五数，或有重瓣者，雄蕊甚多，常略弯为皆向心生也。此花南北多栽植，始华于秋冬之交，盛于冬春。

今以园艺品种论，则有数百品类，或自梅选育，或乃近亲物种杂交所得，统称梅花是也。依枝茎之形并血统，可分五类：一曰直枝梅，茎直，品系驳杂，又可分作江梅型、宫粉型、玉蝶型、朱砂型、绿萼型、洒金型、黄香型；一曰垂枝梅，小大枝茎皆下垂，嫩枝尤甚；一曰龙游梅，其枝屈曲盘旋；一曰杏梅，梅杏杂交者也，半重瓣，花稍大，颇耐寒，北地可栽诸户外；一曰樱李梅，又名美人梅，宫粉型梅并紫叶李杂交者也，花具长梗，数朵聚作一簇。

海桐

[大寒二候]

能白能香雪不如

花：遇见
Meeting

其实我直到读大学以后，才真正见了海桐，但却从小就知道海桐的名字。大约是上小学不久吧，家里有一本《中国高等植物图鉴》第二册，从那里面知道的。约莫小学三四年级的样子，在街心公园里，我见着有几个和我差不多大的男孩子，在攀折悬铃木的树枝。我不开心，要上去制止，却又怕打不过，于是跑到那棵树下，耳朵贴着树干，装模作样。“你们听，梧桐树说，它受伤了！”

我那时以为所谓的法国梧桐，就是梧桐，所以把悬铃木叫作梧桐树。那几个男孩子开始跟我争吵，说，树不会说话。我说，桐树会说。然后，重点来了，我和其中一个男孩子，发生了如下的对话：“你知道什么桐树啊？”“这个就是梧桐树。”“我还有泡桐呢！”“我还有海桐呢！”突然我们几个人都不言语了。他们大概觉得，我说了一个他们没听过的词汇，想了想，竟然怏怏地离开了。而我呢，从此以后长久地记得海桐。

第一次看到真正的海桐，是在温室里，却几乎没有印象了。后来在南方，间或遇到，也拍了照片，但似乎都没能够让我觉得，这花有多么珍奇。倒是海桐的果子，十年前去厦门，初见了，看到开裂的果子里头，种子被黏糊糊的油状物包裹着，忽而莫名觉得美妙。

花：史话
History

海桐之名，古今有别。依〔前蜀〕李珣《海药本草》之言：“生南海山谷中。似桐皮，黄白色，故以名之。”〔明〕李时珍按此条，更添其释曰：“有刺。”则古之海桐，或指刺桐之类，恐非今人所谓海桐。今所谓海桐者，古人当以山矾呼之。

〔明〕王世懋《花疏》曰："山礬，一名海桐树，婆娑可观，花碎白而香。宋人灰其叶造黝紫色，今人不知也。"山礬即山矾也，〔宋〕黄庭坚《题高节亭边山矾花》诗序初载："南野中有一种小白花，本高数尺，春开极香，野人谓之郑花。王荆公尝欲作诗而陋其名，予请名曰山矾。野人采郑花叶以染黄，必借矾而成色，故名山矾。海岸孤绝处，补陀山译者谓小白花山，予疑即此花尔，不然，何以观音老人端坐不去耶。"然古言山矾竟为何物，亦众说纷纭，有曰山矾即玉蕊，亦即琼花者，有曰山矾乃海桐，又言山矾、海桐俱为七里香。今又有灰木，正名曰山矾，真莫衷一是矣。

以今名而论，海桐、山矾、七里香皆有香气也，古人多赞之。黄庭坚《山矾》诗曰："北岭山矾取次开，清风正用此时来。平生习气虽料理，爱著幽香未拟回。"〔宋〕杨万里《万安出郭早行》有诗句云："玉花小朵是山矾，香杀行人只欲颠。"〔宋〕陆游《初暑》诗句："山鹊喜晴当户语，海桐带露入帘香。"并言其香也。

今之海桐，生南方者入冬始花，故有岁寒之说，而春日最盛；植于中原，则春花婆娑。今之山矾，春开而花细碎。有古人言山矾可耐冬寒者，多言海桐，言山矾花如碎玉，则言山矾，虽同名，实异物。言山矾春开，则二者皆可也。又山矾叶既作灰，可以染色，今于台湾各地但言灰木，不知山矾何物。

〔明〕陆深《春风堂随笔》记曰："辛丑南归，访旧至南浦，见堂下盆中，有树婆娑郁茂，问之，曰，此海桐花，即山矾也。因忆山谷赋水仙花云，山矾是弟梅是兄，但白花尔，却有岁寒之意。"〔宋〕邹良山《山矾》诗亦道："折来随意插铜壶，能白能香雪不如。匹似梅花输一著，枝肥叶密欠清癯。"世人当爱其香，亦知岁寒，乃可入名花之流。然〔明〕袁宏道《瓶史》言："山矾洁而逸，有林下风，鱼玄机之绿翘也。"以绿翘比之，虽有风情，终为侍女也，品不甚高。故〔明〕张谦德《瓶花谱》列山矾作"四品六命"。

又海桐、山矾之名，或曰所指乃七里香是也。〔清〕李元春《台湾志略》记曰：“七里香，山矾花也，所种之地，蝇蚋不生，辟烟瘴。每五六月开花，繁英堆雪，浓香远闻，故世人以七里香目之。”〔宋〕赵汝鐩《山矾》诗言：“七里香风远，山矾满路开。野生人所贱，移动却难栽。”〔清〕范咸《七月一日宴七里香花下作》诗云：“幸留七里香名在，认取山矾为写真。寄语世人休聚讼，冰姿原不藉前尘。”古言七里香，今人以为，或为海桐，或为九里香，皆花白且香，颇相类也。

花：今夕
Nowadays

古之海桐，所言何物，众说纷纭，或可指今之刺桐之属，或可指今之海桐。姑以今之海桐述之，其学名曰 *Pittosporum tobira*。其株或为灌木，或为小乔木，叶长圆而前宽，先端常作微凹状，数叶聚生枝顶，凌冬不凋，花亦聚集，数朵作伞房状，生叶簇之间。其花初开时色白，后渐变黄，花瓣五数。此花或自日本、韩国来，今我国东部、南部野生于山林，南北亦多栽植，冬日始华，可绵延至春夏之交。

含笑

【大寒三候】

百步清香透玉肌

身为北人，我曾不识得含笑花许多年。终于在植物园的温室里见了，花半开半合，让我着实气恼——想为盛开的花拍照，却总是见不到花完全开放。后来才知道，含笑之赏，所赏的即是这等含苞姿态。至于含笑的花香，我却是直到一年前，去台湾时才得以体验的：若非同行的南方朋友说起，我还不至于专门凑过去轻嗅，确然是美妙的香蕉味儿。

“难道不是苹果香吗？”同行有人问我。“这肯定是香蕉味儿啊！”另有人答。于是含笑花究竟是什么气味，大家一边讨论着，一边沿着山间小路的台阶，向下而去。

含笑花盛放的花期，大抵在春日，然而我在南方则是春秋都曾见过。北京的花市上，偶尔也能见得到含笑，约莫在新年前后，偌大的市场，仅有一两个摊位，摆上少许几盆，想来北人并不理会得到含笑的妙处吧。两年前我曾在花市上苦寻来着，求之不得，怅然而返，如今想去看花，依旧是植物园里那几株，藏在枝叶掩映之间，淡雅的几朵，不招摇，不炫耀，约略浅笑，最是可人。

今年冬日，我和妻同去植物园温室，她在含笑花前，支起小凳，端着画板，趁周遭无人，安心地画画。而我则在温室里前前后后转了好几圈，为彼时尚有花开的植物，纷纷拍了照片。返回含笑花前，妻的画尚未画完。我就倚在墙角，沐浴着温室玻璃窗里透射进来的日光，闻着空气中混杂的花香，看妻似模似样地画着画。想着，这样的日子，真希望能长一点，再长一点。

花·史话
History

含笑花最可玩赏处，在其花将开未绽之姿，故名。〔宋〕范正敏《遁斋闲览》言："其花常若菡萏之未敷者，故有含笑之名。"〔清〕薛绍元《台湾通志》语焉甚详："含笑，白瓣如兰，自辅其颊，故曰含笑。半开则馥烈，大则香减。银岳八芳草，此其一也。花五瓣，淡黄色，昼暖则花盛开似含笑，故名。"

因花有含笑之姿，又着冰玉之色，香亦旖旎，自宋以降，文人多爱之，以为南国奇花。〔宋〕李纲《含笑花赋》其序曰："南方花木之美者，莫若含笑，绿叶素荣，其香郁然。"赋中有言："国香无敌，秀色可餐，抱贞洁之雅志，舒婉娈之欢颜，宁解颐而启齿，方堕珥而欹冠，苞温润以如玉，吐芬芳其若兰。"惜乎此花不能稍耐微寒，故〔宋〕张翊《花经》列入"二品八命"，亦花之佳品。

此花雪肤霜貌，体香婉转，因而常比诸女子清纯柔美之貌。〔金〕施宜生《含笑花》诗曰："百步清香透玉肌，满堂皓齿围明眉。褰帷跛客相迎处，射雉春风得意时。"又〔宋〕许开《含笑花》诗言："献笑佳人绝可怜，姿姿靥辅巧承欢。一枝不用千金买，雨洗风吹却粲然。"

含笑花之香，初开清馥悠远，盛开则浓郁，或曰嗅之恼人。〔宋〕陈善《扪虱新话》记曰："日西入，稍阴则花开，初开香尤扑鼻，予山居无事，每晚凉坐山亭中，忽闻香风一阵，满室郁然，知是含笑开

矣。”〔清〕王礼《台湾县志》言：“含笑，花红白色，初吐则香扑鼻，开透则不闻矣。”

其香若果香，清甜醉人，古人以为似瓜香，又似醇醪。〔宋〕徐月溪《含笑花》诗言：“瓜香浓欲烂，莲荅碧初匀。含笑如何处，低头似愧人。”〔宋〕杨万里《端午前一日含笑初折》（一说许开）诗句中道：“一点瓜香破醉眠，误他酒客枉流涎。如何滴露牛心李，化作垂头玉井莲。”因香之故，含笑别名醉香，俗曰酒醉花。今人以为其嗅若香蕉，故呼之为香蕉花。

花·今夕
Nowadays

古之含笑，或指今之含笑之属数种，当以今之含笑花为正，其学名曰 *Michelia figo*。其株为灌木，叶长圆，凌冬不凋，花独生叶腋间。其花色或白，或黄白，初开时常作半含之态，欲笑还颦，犹抱琵琶，故名“含笑”，此际即有甜香，似果熟之味；经数日方开张，作六瓣状，非花瓣也，呼作“花被片”。此花野生于华南山林间，今南北皆栽植，生南国者全年皆华，植北地者，常华于冬春。

本书拟名《七十二番花信风》，将全年二十四节气，以五日为一候，每个节气三候，共七十二候，每候一番花信风。此说源自古人所言"二十四番花信风"，由此扩展而来。究竟何为古人所谓的"花信风"，乃至相关种种，在此略作探讨。

其一·何为"花信风"

所谓"花信风"，最初不是指花，而是指风。

〔宋〕程大昌《演繁露》言："花信风，三月花开时风，名花信风。初而泛观，则似谓此风来报花之消息耳。按《吕氏春秋》曰：春之得风，风不信则其花不成，乃知花信风者，风应花期，其来有信也。"这则记录，标明援引自〔南唐〕徐锴《岁时广记》一书中，原书已逸散，但可谓最早有明确解释的"花信风"之说。

风来，来报信，来报花开的信息。花开的信息称为花信，春日来风，也就叫作花信风。所以最初的"花信风"，仅指春日之风。〔唐〕陆龟蒙散句曰："几点社翁雨，一番花信风。"〔宋〕蔡伸《生查子》词句道："几番花信风，数点笼丝雨。"

〔宋〕孙宗鉴《东皋杂录》一书，今亦逸散，由他人著作如〔宋〕陈元靓《岁时广记》之引述中可知，其中有言："江南自初春至初夏，五日一番风候，谓之花信风。"候，原意为望，又曰候望，有伺望之意，后引申作时令，"风候"就是风吹的时令，五日一风候，由不同时节所开的花作为彼此区分的要点。因花期先后有别，故而以花开放来识别风候，并由花名来命名，如梅花风、楝花风。

而后〔明〕杨慎《升庵集》中载："梁元帝《纂要》：一日两番花信，阴阳寒暖。各随其时。"并录二十四种花，全年自春至冬，四季皆有。后世如〔清〕陈元龙

《格致镜原》引其说，亦称之花信风。此花信风非原本春日之风，已外延至四季矣。更非仅指风言，而有花期物候之意。

其二·“二十四番花信风”源起

“花信风”之说，相关花之种类数量等，最初未见详述，而所谓“二十四番花信风”最早可能来自前文曾提到的《东皋杂录》一书。〔宋〕胡仔《苕溪渔隐丛话后集》之中有言：“《东皋杂录》云：‘江南自初春至初夏，有二十四风信，梅花风最先，楝花风最后。’唐人诗有‘楝花开后风光好，梅子黄时雨意浓’，晏元献有‘二十四番花信风’之句。”苕溪渔隐曰：“徐师川一联云：‘一百五日寒食雨，二十四番花信风。’”行文且录且议，既引述了《东皋杂录》中的记载，道有二十四风信，梅花风最先，楝花风最后，又引述了唐宋诗句。

陈元靓的《岁时广记》则可能更接近已经逸散的《东皋杂录》的原文：“梅花风最先，楝花风最后，凡二十四番，以为寒绝也。”晚于《东皋杂录》之说，〔宋〕周辉《清波杂志》所言花信风曰：“江南自初春至首夏，有二十四番风信。梅花风最先，楝花风居后。”非但记有二十四番，且言这一说法指江南物候。

古人多言，“二十四番花信风”之说，自〔宋〕晏殊起始，其散句曰：“春寒欲尽复未尽，二十四番花信风。”其后多有文人，以此一说入诗文，两宋时便有：徐俯散句“一百五日寒食雨，二十四番花信风”，陆游《春日绝句》诗句“二十四番花有信，一百七日食犹寒”，王沂孙《锁窗寒·春思》词句“数东风、二十四番，几番误了西园宴”等。而身处宋末元初的蒋捷，其《解佩令·春》词句更言：“梅花风小，杏花风小，海棠风、蓦地寒峭。岁岁春光，被二十四风吹老。楝花风、尔且慢到。”明清诗词亦多有言及“二十四番花信风”者。

故而“二十四番花信风”最晚始于北宋，但无人尽述是哪二十四番，所知唯有梅花风、杏花风、海棠风、楝花风等。甚至〔明〕戚继光《纪效新书》中载：“春有廿四番花信风，梅花风打头，楝花风打末。”亦不见其详。

其三·古今“二十四番花信风”考辨

所谓“二十四番花信风”具体竟为哪二十四种，其说最早可能源于明初王逵《蠡海集》。其中有言："自小寒至谷雨，凡四月、八气、二十四候，每候五日，以一花之风信应之，世所异言，曰，始于梅花，终于楝花也。详而言之，小寒之一候梅花、二候山茶、三候水仙，大寒之一候瑞香、二候兰花、三候山矾，立春之一候任春、二候樱桃、三候望春，雨水一候菜花、二候杏花、三候李花，惊蛰一候桃花、二候棣棠、三候蔷薇，春分一候海棠、二候梨花、三候木兰，清明一候桐花、二候麦花、三候柳花，谷雨一候牡丹、二候酴醿、三候楝花。花竟则立夏矣。"

在此之后，则轮到对于"二十四番花信风"叙述最为详尽、对后世也影响最大的明人杨慎。在《升庵集》中，杨慎先是记述了所谓"梁元帝《纂要》"中的说法："鹅儿、木兰、李花、玚花、桤花、桐花、金樱、黄芳、楝花、荷花、槟榔、蔓罗、菱花、木槿、桂花、芦花、兰花、蓼花、桃花、枇杷、梅花、水仙、山茶、瑞香。其名俱存，然难以配四时十二月，姑存其旧，盖通一岁言也。"虽亦是二十四之数，贯通全年，却难以尽依时令。其后继续言道："《荆楚岁时记》：小寒三信，梅花、山茶、水仙，大寒三信，瑞香、兰花、山矾，立春三信，迎春、樱桃、望春，雨水三信，菜花、杏花、李花，惊蛰三信，桃花、棣棠、蔷薇，春分三信，海棠、梨花、木兰，清明三信，桐花、菱花、柳花，谷雨三信，牡丹、荼蘼、楝花。此后立夏矣。此小寒至立夏之候也。"此说与《蠡海集》大同小异。

唯〔清〕爱新觉罗·永瑢主编《四库全书总目提要》时，在《蠡海集》条目下有言："世称二十四番花信风，杨慎《丹铅录》引梁元帝之说，别无出典，殆由依托，其说亦参差不合。惟此书所列，最有条理，当必有所受之云。"讽杨慎之说托名梁元帝而已。

杨慎之后，〔明〕程羽文《百花历》，亦记两套说法。一说与杨慎同，言自〔南朝梁〕萧绎《纂要》，即梁元帝也，恐自杨慎之说而来。一说引自〔宋〕吕原明《岁时杂记》，曰："一月二气六候，自小寒至谷雨，四月八气二十四候，每候五日，以一花之风信应之。小寒一候梅花、二候山茶、三候水仙，大寒一候瑞香、二候兰花、三候山矾，立春一候迎春、二候樱桃、三候望春，雨水一候菜花、二候杏花、三候李花，惊蛰一候桃花、二候唐棣、三候蔷薇，春分一候海棠、二候梨花、三候木兰，清明一候桐花、二候麦花、三候柳花，谷雨一候牡丹、二候酴醿、三候楝花。楝花竟则立夏。"〔清〕汪灏《广群芳谱》亦引此段，道出自《岁时杂记》，唯引文之中，唐棣写作棠梨。此说绝类《蠡海集》，然《岁时杂记》原书逸散，不可考也。

今人多言，"二十四番花信风"详述版本，出自《荆楚岁时记》，非也。〔南朝梁〕宗懔《荆楚岁时记》并无花信风之说。此误可能源自杨慎——《升庵集》中“花信风”曾道《荆楚岁时记》，自此误传。前文已详述，“花信风”一词，最早见于徐锴的《岁时广记》，后人可能因为此书逸散，以为此后诸书引述自“岁时记”是《荆楚岁时记》的简称，未经详查，故而以讹传讹。

其四·结语

以上论述，篇幅所限，不能尽言。

今以为“花信风”一词最初特指春日之风，后可指时令，如今外延为花期物候。“花信风”之说最早有可能载于徐锴的《岁时广记》。“二十四番花信风”之说，最晚在北宋已有，但未见详述。如今有据可考详细记述“二十四番花信风”具体内容的著作，出现于明朝，王逵《蠡海集》、杨慎《升庵集》（两种说法之后面一种）所记载，与古人较为认可、而今也流传最广的“二十四番花信风”种类极为相近。

如今一些已出版的图书和已发表的论文中，可见有“二十四番花信风”出自《荆楚岁时记》之说，网络流传更加广泛。这种说法目前并无明确依据，当看作误传。

此外，自《东皋杂录》之中可知，彼时“二十四番花信风”仅以江南物候而论。明朝流传的具体版本，也多有物候于今不相符者，今人不必拘泥于此。

本篇《“二十四番花信风”略考》之观点，多参照程杰先生的论文《“二十四番花信风”考》（载于《阅江学刊》2010年第1期），望读者有兴趣可详读此文，必有裨益。

后记

Epilogue

这本号称“七十二番花信风”的书，我写得诚惶诚恐。

介绍植物，介绍和中国古代文化相关的植物，我或许还算略有一点点心得，但翻新古意，甚至将古人的说法延展开，加入自己的观点，我知道一定会有很多不当之处。例如，“花信风”其实古时并不能完全等同于物候或“花信”，本书取名《七十二番花信》可能更为妥当。又如，古人的“二十四番花信风”之说流传甚广，其中一些植物和时令的对应，已经深入人心，将这一经典说法中，与植物物候不合之处调整，并增加许多物种，延伸至全年，我一直怀疑自己是不是太过自以为是。

“七十二番花信风”原本是我在2017年贴在网络上的全年系列，网文贴出，就遭到了一些朋友的质疑和指摘。我几乎没有为此做过辩解，因为所谓推陈出新，往往推陈容易，出新做不好，就会画虎类犬，贻笑大方。而且我的专业是植物学，古汉语方面的专业知识极为有限，考据查证，难免不得其法。我将网上的意见做了汇总，在决定要将网络文稿集结成书时，许多改进和调整之处，都是参考了相关意见，为此我必须向之前在网上与我探讨的朋友们表示感谢。

何以一定要将“七十二番花信风”出版发行呢？

说来，我最早看到“二十四番花信风”的说法，也在网络上，是十几年前的事了。那时能够搜索到的流行版本，是认为这一说法出自《荆楚岁时记》。等我买到《荆楚岁时记》仔细查证，却没有看到只言片语，这成了长久在我心中的疑惑。后来我发现，能查到的古籍资料中，所谓“花信风”的说法，有可能出自《岁时广记》这本书。能找到的《岁时广记》，是南宋陈元靓撰写的，为此我联系了中国国家图书馆，得知只有古籍可查，而最终是请朋友帮我找来了影印版。在其中我却看到，“花信风”条目引自《东皋杂录》一书，而此书仅有目录，内容已逸散。

那么“二十四番花信风”到底出自何处呢？后来我才知道，有两本《岁时广记》，更早的一本出自五代时南唐人徐锴。这本书也无据可考了，只能凭借后人摘录，了解一二。但总之出自《荆楚岁时记》是不对的——这一说法如今仍然为很多人信以为真，很大程度上是依靠了网络的传播力。我希望将“花信风并不是出自《荆楚岁时记》”这件事，通过图书出版的方式，使更多人知晓。

另一个问题是“二十四番花信风”究竟有哪些植物种类。我看到网络上或者一些科普刊物中，言之凿凿，列出植物的名字，但追本溯源时发现，竟然这也有不同版本，以哪个版本为准，其实如今并没有所谓的统一意见。我在本书之后专门写了“‘二十四番花信风’略考”，也是想和读者分享，这些我看到的关于古人的说法和意见。

把全年花信补充到七十二种植物，如果从植物科普的角度来说，我是确实愿意更多地介绍一些植物种类或类群，以及它们在中国古代历史文化中的意义。但如果套进“花信风”的框架，读者是否接受，甚至有可能嗤之以鼻，我也都曾想到过。而且我选择的植物种类里，给自己定的要求是：中国古代有诗文记载的植物，至少曾经作为花卉被人观赏和赞颂过。这样一来，其实可选择的范围不大，再考虑到花期，就不得不加入一些南方的种类，并非经典传统花卉、而是明清时才有诗文记述的种类。这些植物能否和牡丹、梅花之类相提并论，在我心里也有疑惑。

因此出版这本书，我也希望广大读者，特别是对于植物古代文化方面有兴趣有建树的师友，能够给予指正，也希望之后会有人编写出更加符合古人原意、更加能够服众的全年“花信”。此外，关于一些植物名实的考证，如荼蘼、海桐，其中也多有我个人的意见和看法，同样欢迎广大读者予以指教。

本书得以顺利出版，首先我要感谢商务印书馆，以及本书的责编余节弘先生、张璇女士，感谢他们接受本书中可能出现的争议，并与我共同探讨相关问题。也要感谢我的植物学导师、北京师范大学生命科学学院的刘全儒先生，感谢刘先生在我读书时就一直鼓励我多去了解植物古代文化相关内容；感谢我曾经供职的《中国国家地理》杂志社，教会我何为科学传播，如何将内容有效地向读者表达；感谢我的好友王元天、林语尘在古代历史文化考证方面给予的指导；感谢好友余天一、阿蒙、陈亮俊、梁海在植物名实考证方面予以的帮助。同时，于本书出版前夕，得蒙潘富俊先生慨然赐序，深为感荷！

此外，要感谢我的爱人张洁（笔名林雨飞）为本书绘制了全部植物插画。其中一些插画反复绘制过数次，尽量达到更理想的效果。也一并感谢她的绘画老师万伟先生（笔名丫丫鱼）一直以来予以的指导。

最后，谨以此书献给我的家人和朋友！愿父母健康安心，愿女儿愉快长大，愿亲友师长们万事遂心，也祝愿读者们能够从这本书中，找到自己喜爱的内容。

王辰

戊戌冬月廿三，于十二步花园

主要参考文献

Reference

1. 〔汉〕许慎撰；〔宋〕徐铉校定：《说文解字》，中华书局2013年版。
2. 〔晋〕郭璞注；〔宋〕邢昺疏；王世伟整理：《尔雅注疏》，上海古籍出版社2010年版。
3. 〔晋〕嵇含：《南方草木状》，广东科技出版社2009年版。
4. 〔晋〕崔豹撰；牟华林校笺：《古今注校笺》，线装书局2015年版。
5. 〔晋〕张华：《博物志》，华文出版社2018年版。
6. 〔北魏〕贾思勰著；缪启愉、缪桂龙注：《齐民要术》，上海古籍出版社2009年版。
7. 〔南朝梁〕宗懔著；谭麟译注：《荆楚岁时记译注》，湖北人民出版社1985年版。
8. 〔唐〕段成式：《酉阳杂俎》，中华书局1981年版。
9. 〔唐〕陈藏器著；尚志钧辑释：《本草拾遗辑释》，安徽科学技术出版社2003年版。
10. 〔唐〕欧阳询著；汪绍楹校：《艺文类聚》，上海古籍出版社1995年版。
11. 〔宋〕罗愿著；石云孙校：《尔雅翼》，黄山书社1991年版。
12. 〔宋〕陆佃著；王敏红校：《埤雅》，浙江大学出版社2008年版。
13. 〔宋〕陈景沂：《全芳备祖》（上、下册），浙江古籍出版社2018年版。
14. 〔宋〕郑樵：《昆虫草木略》，浙江人民美术出版社2018年版。
15. 〔宋〕苏颂著；尚志钧辑校：《本草图经》，安徽科学技术出版社1994年版。
16. 〔宋〕寇宗奭：《本草衍义》，商务印书馆1957年版。
17. 〔宋〕唐慎微：《证类本草》，华夏出版社1993年版。
18. 〔宋〕沈括：《梦溪笔谈》，上海古籍出版社2015年版。
19. 〔宋〕陶穀：《清异录》，中国商业出版社1985年版。
20. 〔宋〕王楙；〔宋〕张邦基：《燕翼诒谋录·墨庄漫录》，上海古籍出版社2012年版。
21. 〔宋〕陈元靓；〔清〕李光地：《岁时广记·月令辑要》，上海古籍出版社1993年版。
22. 〔宋〕李昉：《太平御览》（全四册），中华书局1960年版。
23. 〔元〕大司农司编；马宗申注：《农桑辑要译注》，上海古籍出版社2008年版。
24. 〔明〕李时珍编；刘衡如、刘山永校注：新校注《本草纲目》（上、下册），华夏出版社2011年版。
25. 〔明〕王象晋：《二如亭群芳谱》，明天启元年序1621年刊本。

26. 〔明〕徐光启：《农政全书》（全三册），上海古籍出版社2011年版。
27. 〔明〕张谦德；〔明〕袁宏道：《瓶花谱·瓶史》，中华书局2012年版。
28. 〔明〕高濂：《遵生八笺》（上、下册），浙江古籍出版社2017年版。
29. 〔明〕张岱：《夜航船》，中华书局2012年版。
30. 〔明〕文震亨：《长物志》，浙江人民美术出版社2016年版。
31. 〔明〕王圻、王思羲：《三才图会》（全三册），上海古籍出版社1988年版。
32. 〔明〕杨慎：《升庵集》，自《影印文渊阁四库全书》本，台湾商务印书馆1986年版。
33. 〔清〕蒋廷锡等：《草木典》（上、下册），上海文艺出版社1999年版。
34. 〔清〕汪灏：《广群芳谱》（全四卷），上海书店1985年版。
35. 〔清〕陈淏：《花镜》，浙江人民美术出版社2015年版。
36. 〔清〕吴其濬著；张瑞贤校：《植物名实图考校释》，中医古籍出版社2008年版。
37. 〔清〕孙星衍等辑：《神农本草经》（全三册），中医古籍出版社2018年。
38. 〔清〕赵学敏：《本草纲目拾遗》，中国中医药出版社2007年版。
39. 〔清〕屈大均：《广东新语》（上、下册），中华书局1985年版。
40. 〔清〕李调元：《南越笔记》，商务印书馆1936年版。
41. 〔清〕李渔：《闲情偶寄》，浙江古籍出版社2011年版。
42. 〔清〕邹一桂：《小山画谱》，山东画报出版社2009年版。
43. 〔清〕徐珂：《清稗类钞》（全十三册），中华书局2010年版。
44. 〔清〕彭定求编：《全唐诗》（全二十五册），中华书局2003年版。
45. 曾昭岷等编：《全唐五代词》（上、下册），中华书局1999年版。
46. 唐圭璋编：《全宋词》（全五册），中华书局1965年版。
47. 北京大学古文献研究所编：《全宋诗》（全七十二册），北京大学出版社1998年版。
48. 程俊英、蒋见元：《诗经注析》（上、下册），中华书局1991年版。
49. 夏纬瑛：《植物名释札记》，农业出版社1990年版。
50. 陆文郁：《诗草木今释》，天津人民出版社1957年版。
51. 程超寰：《本草释名考订》，中国中医药出版社2013年版。
52. 王敬铭：《中国树木文化源流》，华中师范大学出版社2014年版。
53. 潘富俊：《中国文学植物学》，台湾猫头鹰出版社2012年版。
54. 陈俊愉、程绪珂：《中国花经》，上海文化出版社1990年版。
55. 胡东燕、张佐双：《观赏桃》，中国林业出版社2010年版。

56. 张佐双、朱秀珍：《中国月季》，中国林业出版社2006年版。
57. 王国良：《中国古老月季》，科学出版社2015年版。
58. 徐碧玉：《茶梅》，浙江科学技术出版社2007年版。
59. 赵超艺、钟荣辉、邹春萍：《山茶品种原色图鉴》，中国林业出版社2016年版。
60. 中国科学院中国植物志编委会：《中国植物志》第1卷～第80卷，科学出版1959～2004年版。
61. 程杰：《“二十四番花信风”考》，《阅江学刊》2010年第1期。
62. 国学大师网，http://www.guoxuedashi.com
63. 搜韵网，https://sou-yun.com
64. 植物智——中国植物物种信息系统，http://www.iplant.cn